樹海考

JUKAI KO

村田らむ

晶文社

ブックデザイン―アルビレオ
カバー装画―サイトウユウスケ
写真提供―村田らむ

はじめに――そして樹海へ向かう

僕が初めて青木《あおき》ヶ《が》原《はら》樹海《じゅかい》に足を運んだのは、もう二〇年近く前のことになる。二〇代中盤の頃だ。

僕は大学を卒業して、まずイラストレーターになった。美術系の学科に進んでいたからだ。イラストレーターとしてそこそこ食えるようになったあと、ライターもやりたいな、と思い至った。ただそれまでは家でシコシコ絵を描くことしかしてこなかった身である。なんのツテもない。スポーツや芸能界にはまるで興味がないし、バイクやゲームなど記事が書けそうな趣味もない。

さて、じゃあ何を取材すれば良いのか？

その時の僕には、

〝行ったらそこにある〟


というのが最も重要な条件だったのだ。

まず取材に行ったのが、ホームレスだった。上野恩賜公園《うえのおんしこうえん》に行けば絶対にいるからだ。

そしてもう一つは、山梨県に行けば絶対に存在している青木ヶ原樹海だった。そうして僕は樹海を横断してルポを書くことになった。

その時の、青木ヶ原樹海の中をひたすら歩くという経験はとても刺激的だった。ルポの素材としてはもちろん、樹海の風景がとても気に入ったのだ。とても荒々しくてかっこいい。

ライター仕事はそれなりに調子に乗り、取材の幅も少しずつ広がっていった。そのうち、ルポ漫画を描く仕事も受けるようになった。

そうして仕事は変化していったが、樹海の取材は毎年一〜二回は入った。取材ではない時でも、知り合いとプライベートで樹海に遊びに行ったりした。

そうしているうちに、死体を何体か発見した。芸能人や元殺し屋を樹海に案内する仕事も受けた。「樹海マニア」と仲良くなり、樹海の中にある変な施設や樹海周辺の珍しいスポットにも足を運んだ。実にいろいろな体験をした。

そして、ついに単行本として一冊にまとめさせてもらえることになった。

ライターになってからずっと追いかけていたテーマだけにとても感慨深い。

この本を読んだみなさんには、僕と一緒に青木ヶ原樹海に潜《もぐ》ったような気持ちになっていただきたい。

生きて戻れるかどうかは運次第だけれど。

はじめに
——そして
樹海へ向かう

樹海の遊歩道近くで突如現れる穴を探索する松原タニシさん

樹海考　目次

三 樹海の暗部——都市伝説としての「樹海」

一

樹海に入る

日常の外側

青木ヶ原樹海――通称「樹海」は、ややもすると呪い渦巻く異界のように思われているふしがあるが、山梨県に実在する緑生い茂る森である。

インターネットで「青木ヶ原樹海」「住所」と検索すれば、〒401-0300 山梨県南都留郡富士河口湖町精進と、郵便番号まで振られている。実際、周辺にはキャンプ場やゴルフカントリークラブ、お食事処やお土産物屋さんを含む観光施設も多数存在している。

「樹海」という言葉には、場所・地名としての意味と、ある種の伝説的な暗部を含んだ意味の二つの側面があるようだ。

ではなぜ、二つの意味が生まれたのだろうか。まずは、日本で最も深い森「樹海」が生まれた歴史からひもといていこう。

青木ヶ原樹海周辺MAP

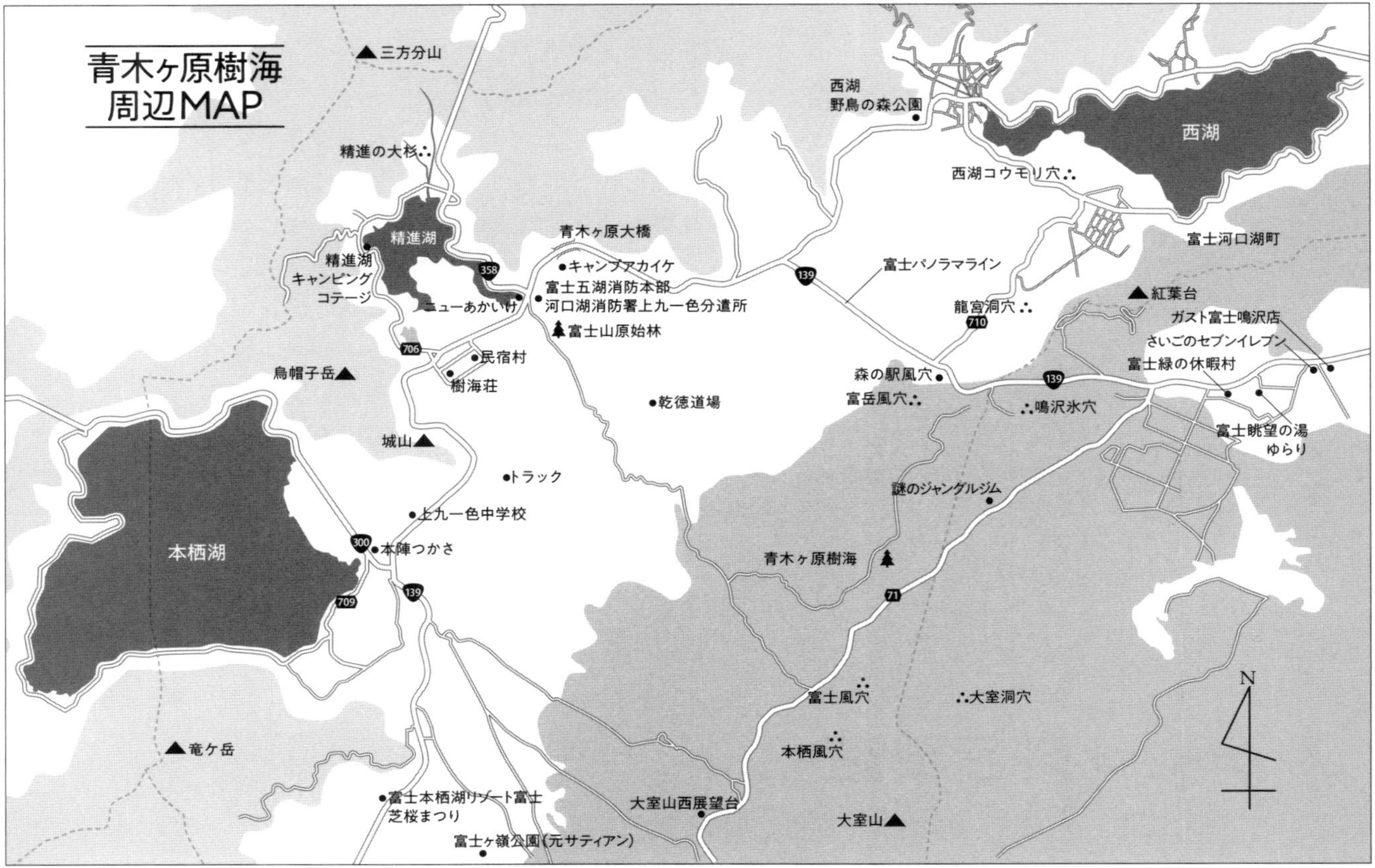

樹海の成り立ち

富士山の周りに広がる森、青木ヶ原樹海は、西暦八六四年から八六六年に起こった富士山の北西山麓《さんろく》の大噴火（貞観《じょうがん》大噴火）によってできた。

噴火の際に噴出した溶岩は、富士山の北側にあった湖（せの海）に流れ込んで埋めてしまった。埋まりきらなかったのが、西湖と精進湖だ。この二つの湖がもともとは一つの湖だったと考えると、かなり広大な湖だったことが分かる。溶岩で埋まった湖が現在の青木ヶ原樹海になっている。範囲としては三〇平方キロメートル。東京ドーム六四〇個分の広さだ。広大な広さに思えるが地図で見てみると、それほどではない。富士山の北西にある一角、というくらいの範囲だ。

噴火の後にできたということは、一二〇〇年の歴史しかない森だ。これは、歴史としてはかなり短い。一二〇〇年前といえば、平安時代だ。「源氏物語」の文献初出は一〇〇八年と

一

樹海に入る
——日常の外側

富士原生林(立ち入り禁止)

いわれているから、それより古い時代だと考えると十分大昔だと思うかもしれない。たしかに人類の歴史から考えるととても長い歴史だが、森としては浅い。単体の樹木でも三〇〇〇年以上生きている個体がたくさんあるくらいなので、「森の歴史」と考えるとやはり新しい。

生えている樹木はヒノキ、ツガなど常緑針葉樹が優占している。ただ過去の伐採や、道路を敷いた際の影響で広葉樹林もある。

樹海は原生林として知られているが、まったく手付かずの森だったわけではない。樹海の中には窯《かまど》や石垣の跡もたくさん出てくる。一説には森林を伐採した跡も見られるという。

近代になっても、もちろん樹海は手を加えられている。まず樹海のど真ん中には県

木に侵食された岩

道71号線が走っている。整備された遊歩道や登山道も樹海の中にたくさん走っている。遊歩道を歩いていくだけでも樹海内のかなり広い範囲を散策することができる。

また樹海の東と西はかなり開発されている。ゴルフ場がたくさんあり、樹海に食い込む形で造られたカントリークラブもある。

地面は溶岩であるため固い。木々は根を深く張ることができず、地表にウネウネと這っている。運良く根を張れたとしても、樹が大きく育つと根本の溶岩が崩れて、そのままステンと倒れてしまうのだ。樹海を歩いていると、ものすごい数の倒木があるのが分かる。また今にも倒れそうに斜めになっている樹も多い。倒れた跡を見ると根っこはまったく溶岩に食い込むことができず、ペロッと剝《は》がれているものが多い。倒木の表皮はジトッとしており、苔《こけ》が生える。一面が苔むして青くなっている様子から「青木ヶ原」と呼ばれるようになった、という説もある。またキノコも生えやすく、珍しい種類も見つけることができる。草はあまり生えておらず、昆虫も小さいものしか発見できない。

樹が育っては倒れ、育っては倒れを繰り返して、表層部には腐葉土《ふようど》が積もっている。一見深い土があるようだが、腐葉土の層は薄く、すぐ下は今もカチカチの溶岩だ。

溶岩石は、庭やアクアリウムで飾ったりするのに人気が高いため、持ち帰る人が多い。ただ、これは違法行為であり、過去には逮捕された人もいた。自然に手をつけるのはやめよう。

溶岩が流れた際に、たくさんの溶岩洞（洞窟、風穴《ふうけつ》）が形成された。現在、樹海観光のキースポットになっている富岳《ふがく》風穴や鳴沢氷穴《なるさわひょうけつ》はその代表例だ。大手観光グループが運営していて、お土産品やグッズも販売しており、休日には大変賑わう。

その他にも、大室《おおむろ》洞穴、富士風穴、蝙蝠穴《こうもりあな》、龍宮《りゅうぐう》洞穴、など大きい洞窟はある。さらに、小さい洞穴は無数にある。

ちなみに龍宮洞穴にある神社の名前は、「せの海神社（剗海《せのうみ》神社）」だ。かつてあった湖の名前を冠した神社なのである。

洞穴までにはならなくても、樹海の地面にはボコボコと穴が空いている。小さな崖も多い。穴の上には腐った樹や落ち葉が積もり、落とし穴のようになっている。油断して歩いているとズボズボとハマる。下手をすると捻挫や骨折をしかねない。

樹海を歩くには、体重が軽いほうが有利だ。僕は二〇キロくらい体重が推移したが、我身を振り返っても、痩《や》せている時の方が圧倒的に楽だった。体重が重たいと、より腐った樹などを踏み抜きやすくなる。逆に体重の軽い女性などはひょいひょいと進んでいけるため随分有利だ。

ただし、調子に乗ってあまりひょいひょい進むと、自分がどちらに進んでいるか分からなくなる。

木々が変則的に生えているため見通しがきかない。崖や穴などを避けて歩いているうちに自分がどの方向に進んでいるか分からなくなってしまうのだ。

自然豊かで風光明媚《めいび》な森だけれど、油断していると迷ってしまう。

青木ヶ原樹海とはそんな場所なのだ。

一

観光案内
——樹海と洞穴郡

国内に限らず多くの人々から「自殺の森」と思われている「樹海」だが、青木ヶ原は観光地だ。では実際には何を観光するのだろうか？

遊歩道や登山道を歩くというのはもちろんあるが、観光しているという感じではない。

樹海観光のメインは、なんと言っても〝洞窟〟だ。樹海には、富士山噴火の溶岩流によって形成された溶岩洞窟がたくさんあるのだ。

まずは樹海探索のベース基地になる、富岳風穴《ふがくふうけつ》と鳴沢氷穴《なるさわひょうけつ》。

どちらも近年リニューアルをおこなったため観光地として人気があがり、週末や祝日には多くの客が訪れる。どちらも広い駐車場があるのだが、ピーク時には満車になるほどだ。入り口には萌《も》え絵のキャラクター看板なども出ていて、明るい雰囲気だ。

洞穴内のツララ

富岳風穴

入り口は森の駅「風穴」になっており、特製のワインやお菓子を買うことができるし、富士宮《ふじのみや》やきそばなどの地元グルメも味わうことができる。

入洞料金は、大人三五〇円だ。

地下に広がる空間を歩いていくのはワクワクする。

洞窟の前半には、かつて天然の冷凍庫として氷を保存していた様子が再現された氷柱がライトアップされている。

続いて、溶岩池や溶岩棚などの溶岩の地形を見ながら進んでいく。

洞窟の最深部はかつて蚕《かいこ》の卵の保管場所として使われていた歴史を持つ。平均温度三度と、一年を通して涼しい洞窟の特性を利用して、蚕の成長をコントロールしていた。

そのあたりの岩壁は青白く光る珪酸華《けいさんか》と呼ばれる苔《こけ》が生えている。いわゆる「ヒカリゴケ」だ。

総延長約二〇〇メートルで、大体一五分くらいかけて洞内を回ることになる。

鳴沢氷穴

こちらも入り口部分には売店がある。一階部分ではパネル展などイベントを開催している。入洞料金も同じく大人三五〇円だ。氷の穴というだけあって、こちらも平均三度と、夏でも寒い。階段を降りた先にはベンチが設置されており、休憩することができる。夏場は樹海もかなり暑いので、涼んで体力を回復することができるのはありがたい。

荒々しい溶岩トンネルを進む。天井までの高さが一メートルないので、ヘルメットを被っていた方が無難だ。

氷柱、氷の池と、氷がライトアップされている。氷柱は天井から滲み出た水滴が凍って自然にできたものだ。

洞窟の最深部には「地獄穴」と書かれた竪穴がある。説明書きには、

この穴は竪穴で、一歩足場を失うものなら二度と帰ることのできない危険な穴です。

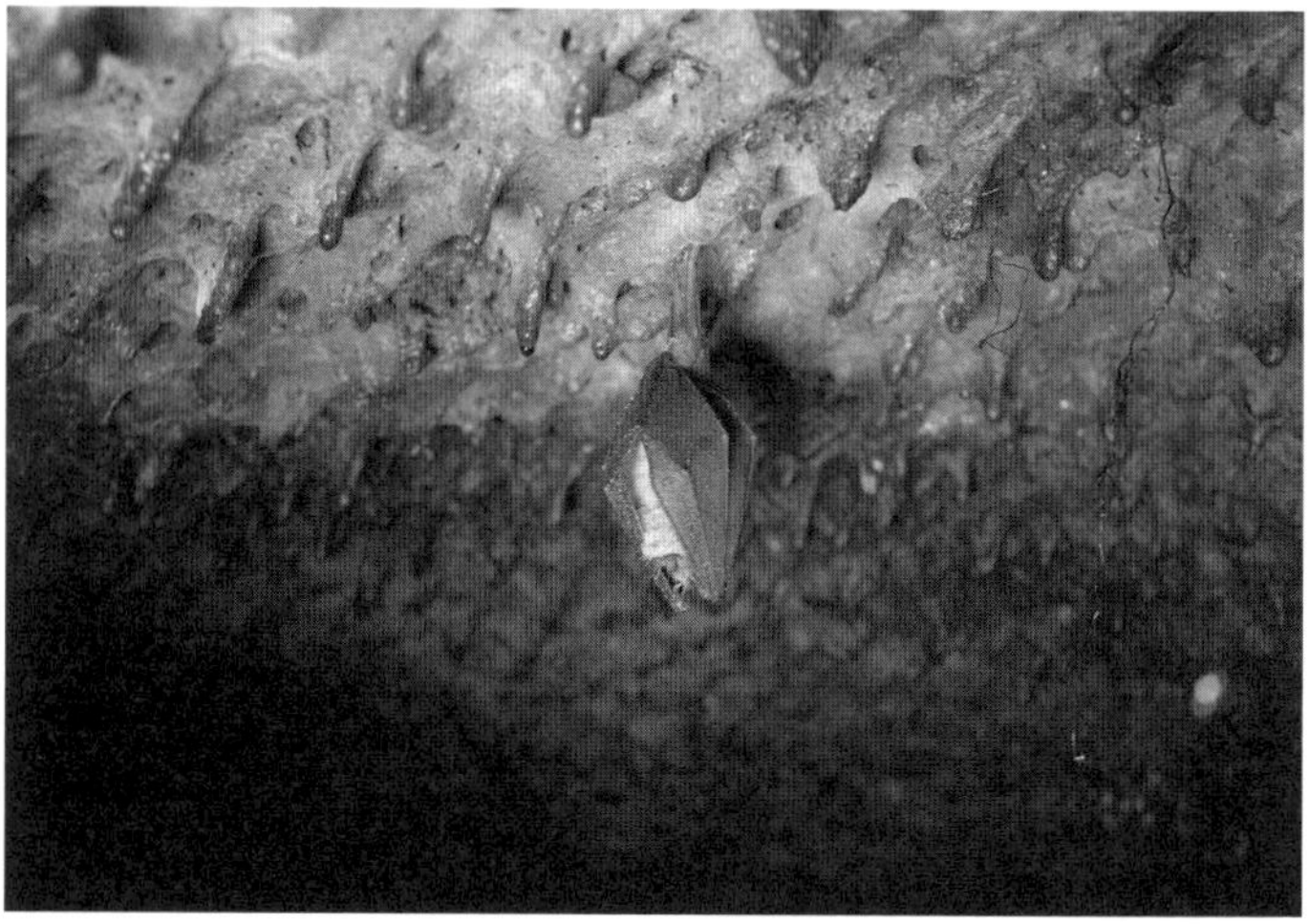

蝙蝠穴

とある。観光に来た客は、みんなビビりながら、穴の奥の方を写真に撮っている。

西湖蝙蝠穴

富士五湖《ふじごこ》の一つ西湖《さいこ》の近くにあるのが「西湖蝙蝠穴《こうもり》」だ。名前のとおり、内部でコウモリが飼育されている。洞窟内は他の洞窟に比べると比較的暖かくコウモリが繁殖するには絶好のコンディションだという。そのため一二月一日〜三月一九日まではコウモリ保護のために入洞することができない。

入場料は三〇〇円。

距離は三五〇メートルと、さほど長くはないが天井がとても低い。しかも天井はギザギザの岩だ。入り口でヘルメットを借りるのだが、何度もゴリゴリと頭を打った。

足元も水びたしで、中腰で進んでいかなければならない。普通、手すりは腰くらいの高さにあるものだが、ここの手すりは床に設置してある。床の手すりをつかみながら進んでいけ、ということなのだろう。この地点から最奥まで、もう三〇分くらいはかかるので、途中で腰が痛くなって泣きそうになってしまった。

洞窟の横には展示室がある。コウモリをテーマにしているのだが、かなりショボい。剝製《はくせい》や写真がパラパラと展示してある、なんともこざっぱりとした様子だ。コウモリにちなめばなんでもいいのか、映画『バットマン』の古いポスターや、ミッキーマウスがコウモリに扮したカイトまで展示してある。B級スポットとしてはオススメの場所だ。

ここまでの三つは、完全に観光施設化されて有料で入ることができる洞窟だ。その他にも青木ヶ原の中にはたくさんの洞窟がある。代表的なところを紹介しておこう。

西湖の南側に「龍宮洞穴《りゅうぐうどうけつ》」がある。

総延長約六〇メートルの小さな洞窟だが、入洞は禁止されている。入り口のところに小さな祠《ほこら》が祀《まつ》られているのは、雰囲気があってよい。せの海神社（剗海《せのうみ》神社）という神社の御神体だ。

一方、「富士風穴」はかなり大きい洞窟だ。看板に従って歩いていくと、巨大な穴が空いているので迫力がある。穴の下からは洞窟へ続いている。入洞には富士河口湖町教育委員会への届け出が必要だ。洞内はかなり広く、冬場に見事な氷柱が作られる。自然のすごさをまざまざと知ることができるスポットだ。

樹海内には七〇ヶ所以上の洞窟が見つかっているという。実際にはもっとたくさんの数の洞窟があるとも言われている。そんな新しい洞窟を探すために樹海をめぐる、いわゆる〝洞窟ハンター〟をしている人たちが存在する。

樹海へは行ってみたいけどちょっと恐いな……と思っている人は、まずは洞窟めぐりをしてみてはいかがだろうか？　思った以上にエキサイティングな経験ができるはずだ。

一

樹海に入る
——日常の外側

観光地だよ、青木ヶ原

青木ヶ原樹海は「人外魔境」だと思っている人がたくさんいる。だが、富士山周辺は人気の観光スポットがたくさんあり、年中訪問客も絶えない。

まず富士山自体が日本有数の観光スポットだ。ただ登山ルートは大きく四ルートあるのだが、樹海とは反対側の静岡側から登る人が多い。

唯一の山梨側からのルートは「吉田ルート」だが、これも富士山の北東側にある道なので北西にある樹海とは少し距離が離れている。樹海内部の宗教施設「乾徳道場《けんとく》」へ行くために登る道「精進湖口《しょうじこ》登山道」は、青木ヶ原を突っ切って「富士スバルライン」五合目へ至る登山道だから、樹海を突っ切ってから富士登山したい！　という人にはオススメである。

富士山周りの施設で一番人気なのは絶叫マシンでおなじみの「富士急ハイランド」だろう。富士急ハイランドは富士山の北東にある。富士急ハイランドのアトラクションに乗っていると、富士山がよく見える。ここから富岳風穴《ふがくふうけつ》の駐車場までは約一三キロ。自動車で約二〇分くらいである。初日は富士急ハイランドで遊んでホテルやコテージに泊まって、翌日は樹海散歩というプランも良いかもしれない。

富士五湖の中でも、精進湖と西湖は青木ヶ原からほど近い。精進湖ではキャンプ、釣り、ボートなどのレジャーが楽しめる。

西湖は、湖西に茅葺《かやぶ》きの集落「西湖いやしの里根場《ねんば》」がある。手作り体験ができるお店やお食事どころが揃っているので、足を延ばしても楽しいはずだ。

僕がたまに足を運んで楽しむのが、富岳風穴から少し東に進んだ場所にある「富士眺望の湯 ゆらり」だ。いわゆるスーパー銭湯のような施設だが、お湯につかりながら富士山をバッチリ眺めることができるのが売りだ。ただ、樹海探索すると、ここに到着するのが夜になるので、僕はいまだに富士山を眺望していない。

青木ヶ原自体の観光といえば「洞窟」だ。洞窟の魅力は先にしっかり書いたので省略するが、洞窟の周りも観光地になっている。

まずは「森の駅 風穴」。ここは富岳風穴最寄《もよ》りの道の駅になる。二〇一二年にリニューアルされて、とてもキレイになり、品揃えもとても豊富になった。フードコーナーもあり、よく「とうもろこしソフトクリーム」を食べる。とうもろこしの風味がとても良い。富士山モチーフのTシャツや、山梨産のワインなども買えて嬉しい。

鳴沢氷穴《なるさわひょうけつ》にもフードコートがあり、信玄餅《しんげんもち》などのお土産を買うことができる。二階では、写真展などを開催しているので、涼みがてら寄るのも良いだろう。蝙蝠穴《こうもりあな》にも売店があり、休憩できるし、コウモリ柄のTシャツを買うことができる。富岳風穴、鳴沢氷穴に比べると空《す》いていることが多いので、ゆっくりしたい人にはオススメだ。

最後に、樹海に行った際の食べ物ガイドで締めよう。

樹海からは少し離れるが、河口湖の南あたり、富士吉田市一帯の郷土料理が「吉田うどん」だ。一般的にはキャベツとうどんが入っている。そして非常にコシがあって硬いのが特徴だ。食べ終わった頃にはあごが痛くなるほどのコシだ。一軒家の家庭的なスタイルのうどん屋さんも多い。

そしてもうひとつの名物が「ほうとう」だ。ほうとう屋さんも樹海へ向かう「富士パノラマライン」の線上にたくさんある。柔らかく平たい麺《めん》を、かぼちゃや根菜などと煮込んだ料理だ。樹海探索後の疲労した身体にはちょうど良い食事だ。

個人的によく行くスポットは、精進湖のほとりにある「ニューあかいけ」だ。あとで詳《くわ》しく語るが、その昔、初めて「乾徳道場」に行った時に店のおばさんに道を訪ねて以来、何度も足を運んでいる。広いので大人数で行った時にオススメだ。

かなり辛くて美味《うま》い「鹿カレー」、富士山の形をした「富士山ハンバーグ」、精進湖産「わかさぎ定食」などを食べる。
樹海周りはまだまだ遊べる場所が多い。散策してみてはいかがだろうか？

観光地としての青木ヶ原樹海には、散歩だけでなくさまざまな楽しみ方がある。

一度は訪れてみたいと興味を持ちつつ一人で行くのは勇気が出ないという人のため、周辺レジャーやアクセス方法などを紹介しておこう。

また、訪れる際の心構えとして、樹海探索歴二〇年の「樹海案内人」の必携品を公開。最低限、これを守れば遊歩道も深部にも足を踏み入れられるだろう。

樹海へ行く方法

樹海へ行くには？

よく訊かれる質問がある。

「樹海へはどうやって行けば良いのですか？」

というものだ。どうやら一般の方々には、樹海はとんでもない辺境の地にある、というイメージが定着しているらしい。

だが、樹海は平たく言えば、富士山の周りの森、である。富士山は日本有数の観光スポットであり、ルートも複数存在する。登山となれば別の話だが、遺書を書かねば行くことができないような難所ではないのだ。

一

青木ヶ原樹海は、富士山の北北西の方向にあたる。観光地である富岳風穴や鳴沢氷穴から、樹海の遊歩道に入っていくのが一般的なルートだ。

電車で行く場合

最寄り駅は「河口湖駅」だ。東京から向かう場合、いったんJR中央線もしくは富士急行の大月《おおつき》駅まで出て、そこから特急に乗るのが時間的には効率が良い。新宿駅から河口湖駅まで、約二時間で行ける。

東京からは高速バスも出ている。新宿から行く場合、近頃オープンした高速バスターミナルの「バスタ新宿」から河口湖駅までの高速バスが出ていて、こちらも約二時間程度で到着できる。河口湖駅の手前のバス停は「富士急ハイランド」で、遊園地（富士急ハイランド）へ向かう人もよく使う路線だ。

関西方面からの場合は、直接山梨県を目指すよりも、いったん東京駅を経由した方が早く到着することができる。新大阪駅からだと約五時間かかる。

河口湖駅に到着したら、そこからバスを利用して「風穴」または「氷穴」のバス停で下車する。これでやっとゴールだ。バスの乗車時間は三〇分ほど。帰りのバスのことも考えると、あまりのんびりともしていられない。

つまり、電車やバスでも行けるけれど、やはり自動車を運転して行ったほうが便利だ、というのが僕の経験から言える結論だ。

車で行く場合

東京からのルートは、中央自動車道を走り河口湖ＩＣ《インターチエンジ》で降りればすぐに富岳風穴まで行くことができる。渋滞に巻き込まれなければ二時間で到着。僕が樹海に行く時に、一番頻繁に利用する方法だ。

関西からの場合は、新東名高速道路か東名高速道路で静岡県の富士市まで走る。そこから北上し、青木ヶ原の真ん中を走る県道71号線を突っ切って富岳風穴に到着する。大阪からだと車でも約五時間だ。

僕は自動車を所持しておらず、免許はあるものの運転には自信がないので、同行者に車を出してもらうことが多い。雑誌やテレビの取材、誰かを案内する時は、気兼ねなく車を出してもらえるので、ある意味ありがたい。また、樹海に興味がある人たちで集まって足を運ぶこともよくあり、誰か一人は運転できる人がいるものだ。それに便乗することも多い。

樹海は探索できる時間が限られているので、なるべく早く到着したい。その点から考えても、電車、バスよりは自動車の方が有利だ。

一

樹海に入る
——日常の外側

早朝の四～五時に集合して樹海に出かけることも多い。この時間に出れば、たとえゴールデンウィークなどの観光客で混雑する時期でも早く着くことができる。混雑する時期にゆっくり出発すると、富岳風穴手前の道の渋滞に引っかかり数時間ロスする場合もあるので注意が必要だ。余裕があるなら、前日の夜に到着して、民宿などで一泊して英気を養ったあと、早朝から樹海を散策するのも良いだろう。

僕が所持している交通手段は、愛車の小型のバイク「スーパーカブ」だ。何度かこの愛車で樹海に足を運んだ。

小型バイクは道路交通法上、高速道路や自動車専用道路を走ることができないので、下道を走っていくことになる。東京からなら相模原市まで走って、そこからはひたすら国道４１３号線を西に走る。時間にして四、五時間。高速道路を使うのに比べれば倍以上かかるが、高速道路料金はかからないし、道もさほど悪くない。単独の取材工程なら、リーズナブルで安全なルートだ。

樹海道中の奇妙な体験

一度、この愛車で神奈川県の真鶴《まなづる》半島にある廃墟に立ち寄ってから樹海に向かったことがある。

まずは真鶴へ向かうため、南下して東海道を走って神奈川方面に。国道135号線は海を一望できる非常に見晴らしのよい道路なので、ツーリングにはオススメだ。

廃墟の取材が済んだので、北上して樹海に向かう。富士山を右に回りこむように進み、富岳風穴にほど近い精進湖《しょうじこ》キャンピングコテージに到着した。

キャンピングコテージに料金を払って、一晩を過ごすことにした。と言っても何があるわけではない。湖の周りで寝袋に入って眠るだけだ。

精進湖の周囲にはコンビニエンスストアがあるので、夜に買い出しに出かけた。コンビニエンスストアの位置情報を携帯のナビゲーションシステムに入れて誘導のまま走っていく。目と鼻の先のはずなのだが、なかなか到着しない。すぐに気付いて引き返せばよかったのだが、身体もヘトヘトに疲れていたので、ダラダラとナビに指示されるがまま走ってしまった。

ドンドンと山奥へ誘導されていく。

ただでさえ、小型バイクで夜に山道を走るのはとても恐い。馬力がないので坂道では極端にスピードが落ちたところを、トラックや走りを楽しむ車にバンバンと抜かれていく。

そんな車に追われるようにしてしばらく進んでいくと、本当に誰もいない山道になってしまった。路面もかなり傷《いた》んでいる。かなりマイナーな道だ。しかしナビゲーションシステムは、迷いなく山の前を指し示している。

とうとう街灯もなくなり、ただただ真っ暗な道になった。ひたすらに走っていくと、急に目の前に土砂の山が現れた。トンネルが崩落したようだ。土砂をよけてトンネルに入れないこともなかったが、さすがに恐い。

勘弁してくれ……。と、ナビを見ると、唐突に機械音が響いた。

「目的地に到着しました。運転お疲れ様でした」

そう言ったきり、閉じてしまった。

さらに、なぜかそのままスマートフォンの電源が落ちてしまい、再起動もできなくなってしまった。

僕は神秘現象の類《たぐい》は信じていないし、普段なら恐いとも思わないのだが、この時だけは心底焦った。

夜の山道を、なんとかナビなしで走ってコテージに戻ってきた頃には、時刻は深夜〇時を回っていた。

樹海へは自動車が便利だが、皆さん運転はお気をつけて。樹海で死ぬより、交通事故で死ぬ確率の方がよっぽど高いので。

一

樹海に入る
――日常の外側

樹海探索の必需品

樹海に興味のある方々が一番知りたいのが、持ち物についてのようだ。

「樹海に行きたいと思っているのですが、どのような装備で行ったら良いでしょうか？」

とよく聞かれる。

樹海は深い山中にあるわけではないので、本格的な登山の装備は必要ない。

「比較的、軽いファッションで大丈夫ですよ」

と探索に同行する知人に伝えたら、初夏に原宿にでも行くようなファッションでやってきた。ズボンと上着はそれくらいの服でも問題ないのだけれど、靴《くつ》だけはしっかりした物を履《は》いてきた方が良い。

足元

その知人は、VANSのスニーカーを履いてきていたのだが、散策が終わった頃には穴だらけになっていた。

樹海は樹木の洞《うろ》や朽木《くちき》、溶岩が崩落してできた空間など穴が非常に多いので、歩いているだけでしょっちゅうズボズボとハマる。その際、足首をひねることが多い。くるぶしくらいまでカバーされている物が良い。登山靴、トレッキングシューズは三〇〇〇円くらいから発売されているので、とりあえず買ってみてはいかがだろう。

ちなみに僕は、ドクターマーチンを履いて行っている。七〇年以上前に発売されたブーツなので機能的にはベストではないが、軽いし丈夫だ。樹海を歩いたおかげで、枝や樹で傷がつき、良い感じの使用感が出てお気に入りの一足になった。

カバンの中身

さて、続いてリュックに入れて樹海に持ち込む物を考えよう。まずは水だ。これがとても悩ましい。万が一のことを考えると多めに持っていきたいのだが、あまりたくさん持ち込むと重くなってしまう。大量の水を持ちこんだせいで疲労してしまっては本末転倒だ。二リットルほども持ちこめば、まず大丈夫だろう。

食べ物も、普通にパンやおにぎりを持ちこむことが多い。疲労時にすぐにエネルギーにな

愛用のブーツとリュック

る、チョコレートやラムネ菓子などもオススメだ。

迷子防止用品

最も重要な道具はコンパス（方位磁針）だ。機械式ではなく、昔ながらの磁石を使ったコンパスが良い。二〇〇円くらいから買える。必ずしも高い物を買う必要はないが、あらかじめ二〜三個持っていくと安心だ。もし迷った時には、とにかく来た道と同じ方向に歩いていけば、いつかは外に出ることができる。

バッテリー切れに要注意

昔は紙の地図を持ちこんでいたが、今はほとんど持たない。そのかわりに、スマートフォンやタブレットを持ちこむ。スマートフォンはさまざまな使用方法があり、樹海の中でも役に立つが、電池が切れてしまってはなんの役にも立たなくなる。モバイルバッテリーは多めに持ちこみたい。

ちなみに携帯電話の電波が届かない場所でも、GPS機能は使うことができるのだ。自分が歩いたコースが記録できるアプリもある。何度も通う人は利用したい便利ツールだ。

スマートフォンとは別に、GPS専門の機械を持ちこむ人も多い。Garmin社の製品などが人気だ。日本語対応している商品も多く、二万五〇〇〇円くらいから購入できる。自分のいる場所を正確に知りたいという人にはオススメだ。

小物あれこれ

あとは必須というわけではないが、虫除けスプレー、タオル、バンドエイド、手袋、帽子、ヘルメット、懐中電灯などを持っていってもよい。寝袋や簡易テントなどを持ちこむ人もいるが、重量がかさむのであまりオススメではない。

手袋は、スマートフォンを頼りに樹海内を散策する場合、指ぬきの手袋か、着けたままでのタッチ操作に対応しているものを選ぼう。

これだけの装備を持っていけばまず大丈夫だろう。

僕は取材で樹海を訪れるので、さらに一眼レフカメラを持っていっている。替えのレンズや三脚など、周辺装備も本格的に持っていくとかなり重たくなる。僕は一眼レフの中では一番値段が安くかつ軽量のボディと、ズームの利く広角レンズと、単焦点のマクロレンズを持っていっている。あとはフラッシュくらいで、なるべく重量を増やさないことを心がけている。

最後のコンビニ

一

樹海周辺のレジャー

青木ヶ原樹海の周りは荒涼とした地が続いている、というイメージを持っている人が多いようだ。だが先にも書いたとおり実際には富士山自体が観光地だし、その他、富士山の周りにも観光地はたくさんある。青木ヶ原の最寄《もよ》り駅のJR「河口湖駅」の近くには、絶叫系のマシンで有名な「富士急ハイランド」があり、全国からレジャー客が集まってくる。親子でアスレチックやドッグランを楽しむことができる「富士すばるランド」も人気スポットだ。

湖の方の河口湖はというと、バス釣りなどで有名で、周囲にはキャンプ場やコテージが林立している。青木ヶ原までは少し距離があるが、自動車ならば河口湖周辺に泊まるのもありだ。

富士山の周りにある湖は、「富士五湖《ふじごこ》」と呼ばれる。その名のとおり、河口湖以外にも四つの湖がある。東から、山中湖、河口湖、西湖《さいこ》、精進湖《しょうじこ》、本栖湖《もとすこ》、だ。西湖、精進湖、本栖湖は樹海に面しているので、キャンプ場などに泊まれば非常にアクセスが良い。

僕がよく利用するのは、富士五湖の中では最も小さい精進湖だ。

樹海の中にある村、その名も「精進湖民宿村」など宿泊施設もある。富士五湖消防本部河口湖消防署上九一色《かみくいしき》分遣所の裏手にある登山ルートをずっと進んでいくと「乾徳《けんとく》道場」まで行くことができる。そのまま真っすぐ進むと、樹海のど真ん中を突っ切る県道71号線に出る。富岳風穴ほど有名ではないが、樹海散策をするのに精進湖周辺をベースにすると便利なのだ。

富士山の周りにはゴルフ場がたくさんある。樹海に食いこむ形で、鳴沢ゴルフ倶楽部、フォレスト鳴沢ゴルフ＆カントリークラブ、富士レイクサイドカントリークラブ、富士クラシック、朝霧カントリークラブなどなど……非常に数多くのゴルフ場が密集している。

青木ヶ原を南下して静岡県側に行くと、乳搾《ちちしぼ》りが楽しめる「富士ミルクランド」などもあって、遊ぶ場所にはことかかない。

青木ヶ原を体験するのによく使われる、森の駅「風穴」がある富岳風穴や鳴沢氷穴も完全に観光地となっていて、休日などには大勢の観光客が訪れている。一〇〇人単位の子供たちが遊歩道を歩いている姿を見かけることもある。

「樹海の中には首吊り死体あるんだぜ！」

「ねーよ、そんなの!!」

などという子供の会話が聞こえることもしばしば。「いや、探せば死体あるよ」なんて教えてあげたくなるが、警察に通報されそうなのでやめておく。

探検後の癒し

樹海散策が終わったあとにはかなり疲れているので、皆で食事に行くことが多い。

青木ヶ原周辺の名物と言えば、「ほうとう」だ。小麦粉の太い麺《めん》を、かぼちゃなどの野菜と煮込んだ山梨近辺の郷土料理だ。一〇軒以上のお店があるが、僕がよく利用するのは「甲州ほうとう小作《こさく》」だ。かなり広いお店で、ほうとうだけでなく、おじや、すいとんなどのメニューもある。海老天重、ロースカツ膳など、その他のメニューも充実しているので、樹海に初めて来た人はほうとうを食べたり、樹海に何度も訪れてほうとうにも飽きた人は定食を食べたりする。

樹海を散々散策したあとは汗を流したいね、という人にオススメなのが「富士眺望の湯ゆらり」である。富士山を眺めながらゆっくりと入浴することができる、いわゆる「スーパー銭湯」のような場所だ。リラクゼーションルームや、ＳＬが食事を運んでくるレストランなど施設も充実しているので、樹海を訪れる際は足を運んでみても良いだろう。

「さいご」のコンビニ

――などと、ここまで訳知り顔で樹海周りの観光地を紹介したが、実際にはそれほど知らない。なぜなら、僕はあまり山梨観光をしようと思って来たことがないからである。たぶん探せばもっと観光場所はあると思う。いつもなるべく早く樹海に到着して、探索を開始したいと思っているので、観光地はスルーしてしまうのだ。

そんな僕たちが最も頻繁に利用する施設といえば、青木ヶ原に向かう道で最後にある「セブンイレブン」だ。

樹海に入る前に立ち寄り、おにぎりや水などの食糧を買う。隣にはファミリーレストラン「ガスト」もあって、樹海に行く前に朝食をとることもある。

一

樹海に入る

――日常の外側

……と大変便利に使わせてもらっている「セブンイレブン」だが、取材・探索に便利ということは、ある目的を持って樹海を訪れるすべての人にとって便利、ということなのだ。つまり、自殺者にとっても、である。自殺者が最後に利用するコンビニでもあるのだ。

自殺者のご遺体のたもとに、セブンイレブンのロゴが入ったビニール袋が置いてあるのを見かけたこともある。お弁当、スタミナドリンク、タバコがキチンと袋に入れられたまま置かれていた。几帳面さを見て、切なくなった。

このセブンイレブンは景観に配慮して、一般的なセブンイレブンのテーマカラーであるオレンジ、緑、赤の派手な外観ではなく、黒いカラーリングが施されている。自殺者が最後に立ち寄ると聞くと、この色彩と相まって、なんだか陰気な雰囲気に見えてしまう。

いつも思うのだが、「最後の食事」を決める時はどのような心持ちで選ぶのだろう。お弁当でもパンでもおにぎりでも、それが人生最後の食事となると容易には選べない気がする。

そんなセブンイレブンに立ち寄り、今日も樹海に向かうのだった。

二

樹海内部

場所としての樹海

青木ヶ原樹海は、ただただ緑の広がる森林公園として楽しめる遊歩道が完備されている。しかし、遊歩道を見分けるために張られたロープを境界に、その奥にも森が広がっている。

その奥深くへと入りこめば、風化とともに伝説化した施設を発見することもある。双方が並んでいる空間が「樹海内部」なのである。

伝説化した施設、廃墟、今も人が住む場を多数訪れた際の体験をもとに、内部の真相を紹介しよう。

「樹海村」は実在するか？

二

樹海内部
――場所としての樹海

「樹海の中には、隠された村がある」

そんな都市伝説を聞いたことがある方も多いのではないだろうか。中には、死にきれなかったり、途中で断念したりといった自殺志願者たちが集まって生活する村がある、犯罪者や世捨て人が集まって作った村がある、などというホラーテイストの噂もある。

結論から言って、たしかに樹海の中に村はある。しかし、もちろん噂のようなヤバイ村はない。

場所は精進湖《しょうじこ》の近く。地図で見ると国道１３９号線から青木ヶ原に食いこむような形で村があるのが確認できる。樹海内には他に人工の施設はないので、とても異様な場所に思える。

ただ、実際に現場に着いてみると、怪しげな村ではないことがすぐに分かる。しっかりとしたアスファルトの道路が敷かれているし、整然と建物が並んでいる。多くの建物には「〇〇荘」と名前が出ている。中には「樹海荘」というわかりやすい建物もある。そうここは民宿が集まった村、「民宿村」なのだ。

住人に話を聞くと、過去、この集落は樹海ではなく違う場所にあったという。もとの村が洪水被害に遭い流されてしまったため、村ごとこの地に移転してきたのだそうだ。かなり壮絶な過去があったのだ。村のすみには引っ越してきた際に建てられたという、神様を祀《まつ》る祠《ほこら》もあった。

ここはもともと「上九一色村《かみくいしきむら》」という場所だったので、当時から置いてある機材などには村名がしっかりと表記されている。上九一色村といえば、かのオウム真理教が一連の大事件を起こした時にクローズアップされた村だ。それも二〇年前のことなので時代を感じる。

しかし、この村はさらに昔の昭和の時代から、全然変わっていないようだ。コンクリートブロックで造られた箱型のバス停があり、その中にはスプレーで落書きがされていた。「由美命」「KANAE命」といった恋人の名前を晒《さら》すタイプのお決まりの落書きに並んで、「川島《かわしま》なおみ」（正しくは川島なお美）と書いてあった。おそらく川島なお美さんがアイドルだった時代に書かれたのだろう。彼女が夕方の人気テレビ番組「お笑いマンガ道場」に登場するようになったのは、僕が小学生の頃である。なんだかちょっと切なくなってしまった。

民宿村では、まだ一〇軒以上の民宿が営業している。ただし廃業している宿も多く、廃屋になったり、民家になったりしている。過去にはかなり人がいた時期もあったらしく、保育園や小学校もあったが、今はどちらも廃墟になっている。

二

樹海内部
——場所としての樹海

関西のTV番組の企画でジャニーズのタレントを樹海に案内したことがある。本収録の前、ロケハンで一度民宿村を訪れて話を聞いたのだが、怪しまれてしまって、村の人々にはなかなか話が聞けなかった。代わりに日本全国をバイクで旅しているオジサンにたっぷり話を聞かせてもらったが、「北海道にバイクを空輸するのは大変だったよ！」などなど、わざわざ樹海で聞く話でもなかった。

樹海周辺はバイクで走っていて楽しい道路が多い。ど～んとそびえ立つ富士山を眺めながら走ることができる「富士パノラマライン」（国道139号線）、樹海の真ん中を突っ切る県道71号線、富士山の五合目まで登ることができる有料道路「富士スバルライン」など、どの道路も見晴らしが良く、休日などに樹海に向かうと、ツーリングをしている人たちがたくさんいる。運転しているのは中高年のオジサンが多い。今日び、若い子はあまりバイクに乗らないのだ。オジサンたちの中継基地として、この民宿村が使われることがあるらしい。

僕が民宿村に泊まったのは、一回だけである。のちに書くが、樹海マニアのKさんにお願いして、死体カメラマンの釣崎清隆《つりさききよたか》さんを案内してもらった時のことだ。

この時は「民宿丸慶」に泊まった。「手料理が美味《うま》い！」と銘打っている民宿だった。自

樹海村の廃屋

家農園の採れたて野菜としいたけを使った料理が自慢だったが、樹海探索という一〇〇パーセント時間通りに帰ってこられる保証のない目的での投宿だったので、食べられなかった。残念である。

素泊まりプランで一泊四〇〇〇円。三人で寝るには十分すぎるほど広い部屋だった。お風呂は大浴場で、富士の水だからもちろん水質は最高である。荘内には展望台もあって富士山を一望できる。

僕たちは、とにかく早朝から夕方まではほぼ休むことなく樹海の中を歩き回っているので、宿にたどりつくとすでにへとへとだ。お風呂に入ってビールを一杯飲んだら、一瞬で眠りに落ちてしまった。

今度はもっとゆっくり民宿を楽しむ旅をしたいなあ、と思っている。

富士山は、古くから「霊峰富士」と謳《うた》われるほど、宗教とは縁深い場所である。その裾野に広がる樹海の近隣には、国創り神話に登場する古来の神々を祀る神社や仏閣が建っている。富士山詣での流行は江戸時代発生した富士講に始まるが、これも今で言うところの「新興宗教」であった。そして、現代も新興宗教支部や関連施設が点在し、一九九〇年代に日本を震撼させた、あのオウム真理教の関連施設もあったほどだ。昔も今も、樹海周辺は日本有数の宗教地と言っても過言ではないだろう。

樹海という場と由緒ある信仰の関わり、近代以降に進出してきた宗教団体の過去と現状を見てみよう。

樹海と信仰

最初に断っておくと、僕は神仏の不思議な力の類《たぐい》は毛ほども信じていない。

「青木ヶ原樹海って、すごいパワースポットたくさんあるよね！」

などと言う人も多いが、そういうのも全然ピンとこない。

ここで紹介するのは、純粋に樹海近辺にある神社などの施設の話である。

富士山の周りには、富士山を信仰の対象とする浅間神社《せんげんじんじゃ》がたくさんある。

そもそも浅間神社は、最後の噴火があった一二〇〇年以前から建立されていたという。その頃は、そびえ立つ高山そのものを崇拝していたのかもしれない。そして噴火が起こる。最初に建てられた社《やしろ》は焼失した。森は焼け、池は溶岩で埋め尽くされて地獄のようなありさまになった。

二

樹海内部――場所としての樹海

樹海にある祠

そうして浅間神社は、荒ぶる富士を鎮《しず》めるための神社になった。噴火はすぐには収まらず、富士山は遠く仰ぎ見る荒ぶる神様だった。年月とともに噴火は鎮まり、「仰ぎ見る山」ではなく「登山できる山」へと変化する。

日本独自の宗教である山岳信仰、修験道《しゅげんどう》を信じる人たちは、しきりに富士山に登山をした。山頂には大日寺《だいにちじ》も建てられた。そのうち一般の人（ただし男性に限る）も登る山になった

江戸時代前期、角行《かくぎょう》が富士山信仰を始め、これが「富士講《ふじこう》」として大いに流行《はや》った。

それは富士登山と「オガミ」（拝み）と呼ばれる行事から成っていて、オガミでは「オツタエ」（お伝え）を読み、「オガミダンス」（拝み簞笥）という祭壇を使って「オ

タキアゲ」（お焚き上げ）をする。……どう聞いてもインチキ臭《くさ》い、今で言うところの新興宗教である。それでも爆発的に流行った。インチキ臭くても流行るのである。それは現代でも同じだ。

富士講は江戸時代の宗教なので、その痕跡もたくさん残っている。人穴《ひとあな》浅間神社の境内には二〇〇以上の碑塔がある。樹海を歩いていると、富士山のマークが書かれた富士講の石碑をよく見る。

樹海の龍宮洞穴の中に建てられた、「せの海神社（剗海《せのうみ》神社）」は富士講道者の周遊コースの一つだった。水の神社で雨乞《あまご》いの儀式の際にも訪れたという。たしかに洞窟の中は、いつも水で湿気っている。

他には、一四世紀頃「村山修験」という修験道の宗教が流行った。江戸後期までは続いたというが、今は途絶えている。

長きにわたり富士山は女人禁制だったが、明治になって禁が解かれた。

話を戻すが、浅間神社は富士山を信仰の対象にしている。そのため、当たり前だが富士山の周りにたくさんある。その中でも、最古の神社が「冨士御室《ふじおむろ》浅間神社」である。

六九九年に奉斎されたと伝えられているから、樹海を生み出した貞観《じょうがん》大噴火よりずいぶん前のことになる。噴火のために消失してしまい、再興された。江戸時代に大流行した先の富

二

樹海内部
――場所としての樹海

士講とも結びついて、ずいぶん繁盛したようだ。現在の本殿は一六一二年に建てられたものだという。

御祭神は、木花咲耶姫命（コノハナサクヤヒメノミコト）。彼女は繁盛を司《つかさど》る、美しい神として知られている。

コノハナサクヤヒメの夫は天照大神（アマテラスオオミカミ）の孫の天邇岐志国邇岐志天津日高日子番能邇邇芸命（アメニギシクニニギシアマツヒコヒコホノニニギノミコト）だ。早口言葉みたいな名前の神様である。その子供が、火照命（ホデリノミコト）、火須勢理命（ホスセリノミコト）、火遠理命（ホオリノミコト）で、火遠理命（ホオリノミコト）の子供が玉依姫命（タマヨリヒメノミコト）。その子供が初代天皇の神武《じんむ》天皇、そしてその子孫が今の天皇陛下である……といわれていたが、敗戦時に「人間宣言」をしたから、今はどうなっているのかは知らない。

浅間神社系のトップである富士山本宮浅間大社（トップは富士御室浅間神社ではない）の配下になる一三〇〇以上の全国の浅間神社では、コノハナサクヤヒメが祀られている。

ちなみに、先の樹海内の神社「せの海神社」では豊玉姫命（トヨタマヒメミコト）が祀られている。豊玉姫命の息子が日子波限建鵜草葺不合命（ヒコナギサタケウガヤフキアエズミコト）で、その子供が神武天皇である。木花咲耶姫命と豊玉姫命はちょっと代の離れた親戚関係といった感じなのだ。

とまあ、浅間神社がとても由緒のある神社であることは分かっていただけたかと思う。修験道と節操なく、結びついたりするあたりが面白い。

のちに紹介するが、関西のジャニーズタレントと同様に海外ロックバンド「スリップノット」のフロントマン、クラウンさんを樹海に案内することになった時、スタッフから、

「お祓《はら》いできる場所も紹介してください。お祓いをするまでは帰ってくるなと会社に言われているので」

と頼まれた。

そういうのは専門外なんだけどなあ。そもそも「樹海に入ったらナニかに取り憑《つ》かれる」と考えてお祓いするのは、むしろ失礼なんじゃない？　とも思ったが、まあギャラさえもらえばなんでもするが性分なので、樹海から最も近くて、歴史もある富士山本宮浅間大社に問い合わせた。青木ヶ原樹海帰りの人を祓ったことはないけれど……と言いつつも了承してくれた。詳《くわ》しくはのちに語るので、ここでは置くことにする。

老婆姉妹の徘徊

二

樹海内部
——場所としての樹海

とあるサブカル系の雑誌から取材の依頼が来た。

「樹海の中にあるナゾの新興宗教を取材して欲しい」というものだった。

担当の女性編集者と車で現場に向かった。そのナゾの新興宗教施設については次の項で書くとして、どこにあるのか大体の位置しか分からずに現場に向かった。

精進湖《しょうじこ》の近くにあるレストラン「ニューあかいけ」で聞きこみをする。ここは樹海に来た時にはちょくちょく寄るレストランだ。「鹿カレー」「富士山ハンバーグ」などのオリジナルメニューがある。お土産屋さん、ヘラブナ釣りの出船、宿泊施設まである。

店のおばさんに話を聞く。

「ああ、乾徳《けんとく》道場さんね。向こうの消防署の裏に登山道があるからそこを登っていくとあるみたいよ」

「ニューあかいけ」の前には、富士五湖消防本部河口湖消防署上九一色《かみくいしき》分遣所という施設があり、救急車が停まっているのが見えた。

普通に走っていてはまず気づかないが、おばさんの言うとおりたしかに消防署の裏に続く車道があった。

ほとんど使われていないのか、枯れ葉が積もり少し荒《すさ》んだ雰囲気だったが廃道ではなく、生きた道路だった。

「ここを進んでいけば、その宗教施設に着く……のかな？」

「……そうみたいですね」

と、編集さんも不安の色を隠せないが、道を進んでいった。かなり急勾配の上り坂である。途中、祠や道標の石碑があり、なんだかより一層不安な気持ちになってくる。

ただ、道路はアスファルト舗装されていて歩きやすい。

しばらく歩いたところで、

「両親兄弟をもう一度思い出して……」

という自殺防止の看板が出てきた。そしてその横には、いかにも雰囲気のある山道が延びている。この道は舗装されていない。

二

樹海内部

——場所としての樹海

「せっかく樹海に来たんだし、ちょっと寄り道して行きましょうか?」

と編集さんに提案してみる。編集者にとってもネタは多くて困ることはない。時間もまだ午前中で余裕があったので道草を食うことにした。

しばらく道を進んでいくと、編集さんが飛び跳ねながら叫びだした。

「見つけちゃったかも! 見つけちゃったかも!!」

編集さんが指差す先を見てみると、たしかに何か人工物が見える。ただ距離がかなり離れているのでよく見えない。

カメラの望遠レンズで見てみると、ビニールシートに包まれた塊《かたまり》のような物が見えた。

「たぶん、ゴミじゃないですかね」

と、急にその塊がガサガサガサッと動き出した。ビックリしたのなんの、ギャッと叫び声をあげてしまった。

生きている人間がいることは確認できたものの、どんな人物がいるかまではわからない。離れることも、近寄ることもできない。

すると、編集さんが言い出した。

「わたし、ちょっと警察呼んできます」

携帯電話は持っていたが、電波は届いていなかった。編集さんは、ここでちょっと待っていて下さいと言って、来た道を戻っていってしまった。

誰だか分からない人が数メートル先にいる状況で青木ヶ原樹海に一人で置いていかれるのはたまらなく不安だ。

とにかくそのあたりから目を離さず、ジッと立ち尽くす。

三〇分以上経っても、編集さんは戻ってこない。尿意を催してきたが、やはり目は離せない。目だけはじっとテントを見たままオシッコをした。

一時間近く経って、やっと編集さんは戻ってきた。

「110番してきました。死体発見の通報は多いけど、生きてる人の通報は珍しいって言われました」

それからまた数十分待ったのだが、警察は全然やってこない。

「この場所が分からないのかもしれません。ちょっと様子を見てきます」

再び編集さんは離れていく。さらに一時間ほど待たされて、やっと警察官二名を引き連れて戻ってきた。

警察官たちは、僕らが躊躇して進めなかった地点をあっさりと突破して、ズンズンと奥に進んで行く。警察官の背後から、僕らもおそるおそるついていく。

ビニールシートの塊の正体は、お手製のテントだった。そしてその近くには、白いレインコートを着た二つの小さい人影があった。

二人は老婆だった。警察が話しかけると、おいおいと泣き叫びはじめた。

「うわあああ!!　もう行く場がないんです!!　もう死ぬしかないんです!!」

二人は姉妹だという。一緒に死ぬために樹海にやってきた。

警察官はなだめつつ死にたい理由を聞く。

「インターネットで悪口を書かれてるんです〜!　だからもうどうしようもないんです!!」

ちなみに取材したのは、二一世紀になったばかりの頃だ。今ほどインターネットは普及していない。

警察官は首をかしげながら、

「おばあちゃんたち、インターネットの意味わかってるのかなあ?　『テレビが私の悪口を言うんです』って言う人はたまにいるけど、その類《たぐい》じゃないかなあ」

と相談している。

お手製のテントの中を覗くと、彼女たちの母親の遺影と位牌だけが置いてあった。老婆たちはほとんど飲まず食わずで、三日間もひたすら位牌を拝んでいたらしい。

積極的な自殺ではなく、そのまま衰弱して死んでいこうと思ったそうだ。二人ともすでにかなり衰弱しているように見えた。僕らがたまたま見つけなかったら、亡くなっていた可能性は高い。

二人は警察官に連れられて、パトカーに乗せられた。位牌など必要な物だけを入れたカバンをトランクに載せた。

二

樹海内部
——場所としての樹海

警察官たちはこちらを見ると言った。

「通報ありがとうございました。ただあの二人は常習っぽいですね。保護施設で落ち着いたらまた出ていっちゃうんじゃないかな」

せっかく人助けしたのに、嫌なことを言う。

そして、彼らはそのまま去っていった。

なんだか背筋がゾッとして身震いしてしまった。薄気味の悪い体験だったのもあるが、実際に気温が下がってきている。もう夕方になっているのだ。

忘れかけていたが、僕らの目的はナゾの新興宗教施設に行くことなのだ。

慌てて歩き出した。

宗教施設を発見

姉妹の老婆を警察に預けたあとのこと。

サブカル系雑誌の編集者女史と僕は、遊歩道をひたすら歩いていった。アスファルトだった道は、途中から砂利道になった。かなり坂道もある。樹海に入ったのは午前中だったが、警察を待つ間に一四時を回ってしまった。樹海は日が落ちるのが早い。すでに薄暗くなってきている。

入り口から三〇分ほど歩いたが、宗教施設らしい建物は見当たらない。具体的な情報は、レストラン「ニューあかいけ」のおばちゃんの証言だけなので、かなり不安になってくる。

「本当にあるのかなあ、そんな施設」

「あると信じましょう！　信じればきっとありますよ‼」

そんな不安な会話をしながら進んでいると、道が二股に分かれていた。

そして片側には、工事現場などでよく見るバリケードフェンスが建てられていた。普通なら「安全第一」と書かれたボードが掛けられている所に「乾徳道場《けんとくどうじょう》」と書かれた木の板が掛けられていた。

「おお！　あった！　この先にあるみたい‼」

宗教施設がある確信を得られて心底ホッとする。そこからさらに一〇分以上進んでいくと、急に道が開けて人工物が出てきた。

新興宗教施設というから、怪しげなＤＩＹ感あふれる建造物が出てくるかと思っていたら、プレハブの倉庫みたいな建物だった。

その建物を横目に、さらに奥に進んでいくと母屋《おもや》が現れた。こちらは木造の建物だったが、予想以上にしっかりと造られていた。

建物の前には鍾乳洞《しょうにゅうどう》があり、その入り口にはお供え物が置かれていた。鍾乳洞の上には、お墓が並んでいる。時代はまちまちだったが、崩れて字が読めなくなったかなり古い墓もあった。この施設ができるよりもずっと昔から建っていたようだ。

建物には紙が貼られていた。

祈りの言葉

実在者（おおがみさま）の御心が此の世に

二

祈りの言葉が貼られた宗教施設

顕れますように

一、神（諸法実相）の国が開かれますように

一、凡ての人が神（諸法実相）に蘇りますように

「わ〜、これはいかにも新興宗教だわ……」

編集さんと二人でしばし固まったが、このまま軒先《のきさき》で躊躇していても始まらない。引き戸をノックした。

しばらくして鍵を開ける音がして、ドアがガラガラと開いた。

かなり年配のおばさんが立っていた。比較的派手な出で立ちで、ワイドショーに取り上げられていた頃の野村沙知代《のむらさちよ》さんっぽい雰囲気だった。

「あら～、何、ここを尋ねていらっしゃったの？」

と聞かれた。はい、噂を耳にしまして……と正直に答える。

「普通の人なの？　学生さん？」

とりあえず、学生ではないです、普通の人です、と答える。

「そうならばいいけど、今大事なプロジェクトが進行中なのよ。だから外部に情報が漏れるのはヤバイのよ」

と言われた。なんと答えていいか分からず愛想笑いをしていると、とりあえず中に入って、と招き入れてくれた。

「あの人ちょっと出かけているから、帰ってくるまで待っていらして」

と居間に通された。屋内はかなり広い。居間の隣の部屋は修行部屋だという。

仏壇が設置されており、その横には黒板が置かれ、仏陀《ぶっだ》の逸話が解説されていた。表の貼り紙を見て、なんとなく神道系なのかな？　と思っていたので少し意外だった。

しばらく、じっと居間で待っている。出してもらった茶と茶菓子を食べていると、ガラガラと戸が開き、僧形のおじいさんが帰ってきた。さきほどのおばさんが、僕たちがここにお邪魔している事情を説明する。

「そうか。待たせて悪かったね。昨日までは他県にいたんだ。こうして会えたのは運命だね!!　運命なんだ」

二

樹海内部
――場所としての樹海

いきなり熱く語りだした。

「ここは道場なんだ。道という漢字の意味が分かるかね？」

突然の質問に、「え、ああ……分かりません」と、しどろもどろに答える。

「辶（しんにょう）は車という意味なんだ。米を車に載せたら『迷い』になる。そして首を載せたら『道』になる。道場に来るならば、真剣になって首を持ってこい！」

おじいさんはいきなり荒ぶった。

これは厄介な所に来ちゃったぞ……と自覚する。背中につつっと汗が流れた。

おそるおそる、どうしてこの場所で新興宗教を始めたのかを尋ねてみた。

「ワシは太平洋戦争で死ぬ気だったんだ。しかし入隊した途端、戦争が終わってしまった」

目的を失ってどうしていいか分からなくなったおじいさんは、自殺しようと思って樹海をさまよった。一〇年間さまよった挙げ句、この場所にたどり着いたそうだ。

「最初は何もない場所だったが、里の人達が、死なれては困ると言って小屋を建ててくれた。そして修行をしたのだ」

一時はここに通ってくる信者もいたらしい。麓《ふもと》から歩いて四、五〇分かかる場所だ。通ってくる方も大変だったろう。

おじいさんはA４サイズの紙とハサミを取り出して机の上に置いた。紙を複雑な形に折りたたむ。

「このように紙を折って、そしてハサミを入れると、なんと……十字架になるんだ！」

たしかに、紙を戻すと十字架の形になった。

「そしてなんと……残りの紙片を戻すと、『HELL（地獄）』の文字になるのだ!!」

かなり強引だが確かにHELLになっている。

「これが発見された時、全米が絶望に打ちひしがれたという……」

そんな話は聞いたことがない。

「しかし私は新たなる並べ方を発見したのだ！　これをこう並べると『日本』になるのだ!!」

HELLよりもさらに強引だが、一応日本という形にはなっている。

「そうなのだ!!　日本は特別な国なのだ!!　自覚せよ!!　日本は宇宙の神、数千億の星を支配する神のおわす国なのだ!!」

おじいさんはどんどん激昂していく。

「私は神に聞いた。なぜ神は世界を創ったのか？　と。すると神は、世界など創っていないと言ったのだ。私は驚いた!!」

こんな話が延々と続いていく。

すでに日は落ちて室内はかなり暗くなっている。おじいさんとの距離感が分からなくなり、頭が痛くなってきた。

二

樹海内部
――場所としての樹海

話の途切れた頃合いを見計らって、ここは具体的には何をする道場なんですか？　と聞いてみた。

「ここは神の国が来る日を自覚する道場なのだ」

……神の国ですか。

「神の国、そこには人類はいない、人がいない世界なのだ!!　私たちは人類を終わりにする仕事をしている。もうすぐその時が来るのだ!!　今日会えたのも運命、来る日に備えなさい!!」

と一気に語り終えた。

編集さんが小さい声で「……もろにカルトじゃないっすか」と囁《ささや》いた。

しかし、話が終わるとなごんだ雰囲気になり、

「ご飯食べていきなさい」

と、おばさんが夕ご飯を出してくれた。

今日は買い出しに行ったから、いろいろあってよかったわ、と目の前に皿が並べられる。

混ぜご飯、ジャガイモの煮物、漬け物、だった。味は悪くないのだが、冷たかった。

室内はすっかり暗くなって、顔の判別がつかなくなっている。なんだか悪夢の中にいるような気持ちになってきた。

ただ、これは夢ではない。現実であり、このあと麓まで戻らなければならない。今はまだ

ギリギリ陽光があるが、すぐに真っ暗になってしまうだろう。樹海の夜は経験済みだが、懐中電灯を持っているとはいえ、あの闇の中を歩くのは不安だ。

「よし、下まで送っていってあげるよ」

と言うと、おじいさんは立ち上がった。

最初に見つけたガレージを開けると、立派な4WDの自動車が収納されていた。樹海の山奥で暮らす修行僧のイメージと、4WDの自動車はかけ離れていたけれど、とにかく助かった。

自動車で下るにはかなり激しい道程だが、さすがに慣れているようですぐに麓に着いた。

僕らはおじいさんに礼を言って帰宅した。

二

宗教施設の由来

この「乾徳《けんとく》道場」には、その後も何度か足を運んでいるが、二人に会えたのはたったの二回だけだった。二〇一〇年に会って以降は、何度出向いても誰もいなかった。どうやら、すでに立ち退いてしまったようだった。初めて取材した時にはすでにお年寄りだったので、樹海で生活を続けるのはつらいだろうと思う。

建物を改めて見ると、本当にかなりしっかりと建てられている。そもそも、なぜここに道場を建てようと思ったのか？　その理由は、もともとここに施設があったことによるらしい。

かなり古いお墓が、建物の周りにいくつも並んでいるわけだから、ここに参拝する人がいたのは確かだ。ではなぜここをそういう場所にしたのか？　それはおそらく洞窟があるからだ。

初めて行った時はフタがされていたので気づかなかったが、洞窟があるのだ。よく見ると『精進御穴日洞』と白いプレートがついている。樹海で発見された洞窟には名前がついていることが多い。

以前来た時に、おじいさんに言われたことがある。

「この洞窟では昔の修行僧が行《ぎょう》を行い即身仏になったんだ」

即身仏ということは、穴の奥には僧侶の亡骸《なきがら》があるということだろうか？　そう思い、懐中電灯を片手に穴に潜ってみた。

樹海は溶岩の上にできている森である。洞窟は溶岩洞《ようがんどう》と呼ばれる種類のものだ。

入り口の急な坂を降りる。もちろん真っ暗だ。懐中電灯で照らすと、想像よりずっと広かった。奥に進むにつれて天井が低くなってくる。中腰にならないと進めない。

溶岩なので、表面はゴツゴツとおろし金のように尖っている。頭がゴリッと擦れると、ひどく痛い。だからといって、膝をつくとそれもまた痛い。関節に強い負担を強《し》いながら、なんとか前に進んでいく。ちょっと閉所恐怖症＆暗所恐怖症の人は入れない場所だ。

洞窟の中は寒い。冬だったのでツララができている。まるでアクションゲームのトラップのようで危ない。紫色の木の実のような物がいくつかぶら下がっている。なんだろう？　と思って近くに寄って見てみると、コウモリだった。冬眠しているようだ。表面はしずくでビチョビチョだが、ゆっくり静かに呼吸している。この体勢のまま春が来て暖かくなるのを待つ

二

ているのだ。ある意味、修行僧より過酷である。

姿勢がきつくて腰が爆発しそうだが、それでも頑張って進んでいくと、石碑が出てきた。

お墓かと思ったがどうやら違うらしい。

表面に赤い文字が彫られている。なんとか読める部分を書き出すと、

庄司 五十日行　千人供●
御胎内開山大先達誓行徳山●
神前●之富士門金佐伸

はっきりとは分からないが、どうやら洞窟の中で五〇日間の〝行〟をしたようだ。

こんな狭くて暗い場所に五〇日もいたのか、と想像するだけでゾッとする。怖くなってきてしまい慌てて外に出た。

どうやら、本当にここで修行をした人はいたようだ。乾徳道場が建つ前から、お寺的な建造物があり、修行がなされていたのかもしれない。

ただ、もう今となっては確認する手段はない。

オウムの残滓
——新興宗教施設「サティアン」跡

富士山は日本を代表する霊峰である。

富士山が噴火する前から信仰の対象として崇《あが》められてきた。このあたりの事情は神社に関する項目でも書いたが、富士山周りにあるのは、もちろん浅間神社だけではない。霊峰富士の威光を借りるためか、全国からさまざまな宗教団体が集まってくる。

富士山の周りにある宗教団体を調べてみると、白光真宏会《びゃっこうしんこうかい》、崇教真光《すうきょうまひかり》、普明会《ふみょうかい》教団、宇宙の宮、阿含宗《あごんしゅう》、幸福の科学、神幽現救世《しんゆうげんきゅうせい》真光《まひかり》文明教団、真如苑《しんにょえん》、創価学会、立正佼成《りっしょうこうせい》会《かい》、生長の家……と枚挙に暇《いとま》がない。

それだけ富士山には宗教団体を引き寄せる魅力があるのだろう。

そして、国内で大掛かりなサリンテロ事件を起こして世を震撼《しんかん》させたカルト宗教団体「オウム真理教」も、富士山に魅入られた組織の一つだ。当時は富士山の麓《ふもと》に巣食う彼らに対し、『富士山麓にオウムなく』（√5の解の覚え方）と皮肉ったものだった。

二

樹海内部
――場所としての樹海

オウム真理教は、上九一色村《かみくいしきむら》を中心に「サティアン」と呼ばれる教団施設を造っていた。一九九五年の地下鉄サリン事件以降は連日報道されたので、当時すでに物心ついていた人には頭に刷り込まれている地名だろう。ちなみに、現在では上九一色村の北部が甲府市、南部が富士河口湖町に編入され、この村名はなくなった。ただ、今でも民宿村あたりの古い施設には上九一色村と書いてあるのが確認できる。

サティアンでは、人体を粉にする施設、監禁施設、サリンプラント、自動小銃密造施設など、信じられないほど非合法的な施設がたくさんあった。サティアンの跡地は今現在どうなっているのだろうか？

オウムの施設は、地図で見ると樹海の真下の位置にあたる。

樹海のど真ん中を突っ切る71号線を一〇分ほど南下すれば、サティアンがあった場所に行き着く。そのあたりもギリギリ樹海と呼べるが、いわゆる樹海らしい風景ではない。一般の森に近い。

「第一上九」と呼ばれた第二サティアン、第三サティアン、第五サティアンがあった場所は、現在は富士ヶ嶺《ふじがみね》公園になっている。第二サティアンは人間の遺体を隠蔽するのに使われた場所だ。公園といっても、ただただだだっ広い草原である。人もほとんどいない。その中に、さみしく慰霊碑が建っている。

「第三上九」「第五上九」「第六上九」と呼ばれた、第七サティアン、第九サティアン、第一〇サティアン、第一一サティアンがあった場所は、ガランとした草原が広がっている。倉庫のような建物や、火の見櫓《やぐら》がポツンと建っているのが、わびしく感じられる。

「第四上九」と呼ばれた第八サティアン、第一二サティアンがあった場所には、民家が建っている。

「第二上九」と呼ばれた第六サティアンがあった場所は、教祖にして主犯の麻原彰晃が住んでいた場所だ。当時、警察が隠し部屋に潜んでいた麻原らを逮捕するシーンはセンセーショナルに報じられたので、覚えている人も多いだろう。

その場所には一九九七年に「富士ガリバー王国」という、スウィフトの『ガリバー旅行記』をテーマにしたアミューズメント施設が造られた。

全長四五メートルの巨大なガリバー像がシンボルだったが、オウム真理教の施設だった風評被害に加え、アクセスは悪く、近隣で最大の観光地「富士急ハイランド」に負けて二〇〇一年に創業からたった四年であえなく閉鎖した。

本稿を書くに当たり少し調べてみると、現在でも当時のホームページが残っていた。

動物と触れ合える施設、ボブスレーができる施設、ガリバーの横でボートに乗れる施設、などがあったが、どうにもパンチ不足はいなめない。

二

その後は長らく廃墟になり、落書きだらけのガリバーが不気味さを醸し、哀愁も誘う心霊スポットになっていた。

現在の様子は航空写真からしかうかがい知ることはできないが、地形はそのままで建物だけが重機でさらわれ、そっくりなくなっていた。もちろんトレードマークだった横たわるガリバー像もキレイさっぱりなくなっていた。

そして、施設群の中で最も南部にあった第一サティアン、第四サティアンは、富士ミルクランドの北あたりにあった。現在は、「日本盲導犬総合センター　盲導犬の里 富士ハーネス」という施設になっている。

もうほとんどオウム真理教が遺した傷跡は見えなくなった。ただ、住人はいまだに、当時の忌《い》まわしい光景が忘れられないという。

人の目の届かない樹海では、驚愕の遺失物に遭遇することがある。不法投棄された粗大ごみや、自殺者たちの遺した物品だけではない。

富士山のUNESCO世界遺産登録前後で少しずつ変化はあるにせよ、不法投棄を糾弾するモラリストでなくともマナーの悪いキャンパーや訪問客の所業には辟易することもある。一方、「なぜここに?」と思うような、樹海に似つかわしくない品もが目白押しだ。

ここでは樹海に入ると誰でも容易に見つける廃棄品から、樹海探索で遭遇した珍品・奇品の数々を紹介しよう。

奇妙な施設
——謎のジャングルジム

樹海を歩いていると、いろいろな物を発見する。多くは観光客や自殺志願者たちが残していった廃棄物だったり、昭和時代以前に造られた碑だったりする。

そんな中、とても奇妙な施設があって驚かされたことがある。

場所は、県道71号線から少し樹海に入った場所だ。歩いていると、樹海の真ん中に、自然の中では見ることのない直線が見えてくる。それも一本ではない。

何本もの金属パイプが組み合わさって、まるでジャングルジムのような巨大な建造物ができている。高さは一〇メートルくらいはあるようだ。三〜四階建てのビルくらいの高さだと言えば想像しやすいだろうか。

風景との違和感で、しばし言葉を失う。近寄ると施設の周りは、金網フェンスで囲われて

突如現れた謎のジャングルジム

いて、さらに有刺鉄線が張られている。

看板が貼られていて、

「危険 登らないでください」

と書いてあった。看板には掲出主の名前と電話番号も書かれていた。何かの「研究所」と名称がある。

内側を覗くと、施設の内部にはハシゴが掛けられていて、上の方に登れるようになっている。とても古い施設というわけではないが、看板は錆《さ》びついているし、施設自体も少し傷《いた》んでいるのが見た目で分かる。下から見上げているだけで、高所恐怖症が発症して下半身がブルッと震えた。

施設の周りには、何に使用するのか分からないタンクだの工具だのが落ちていた。

二

マッド・サイエンティストが造った、人間の脳みそをところてんにする電波を出す施設なのか？　それともＵＦＯを呼ぶ施設なのか？　と妙に想像力を掻きたてる佇《たたず》まいだ。

結局、実体がなんなのかは不明のまま帰宅した。

樹海内部で発見した時には、なんのために建てられた施設なのだかさっぱり分からなかったが、後で調べてみたところ、とある科学研究所が樹海の樹木を研究するために造った施設だった。

たしかに施設は、内部に樹海の樹々を取り込む形で建てられていた。危険を冒して樹に登らなくても、高所から樹海の観測ができるということなのだろう。

そうならそうと書いておいてくれればいいのに。

落とし物　1

樹海内部には、先述のジャングルジム施設のような物の他に、さまざまなモノが落ちている。

僕が長年樹海を散策中に見つけたモノを中心に紹介してみよう。

僕が初めて樹海に行った時は、今よりも青木ヶ原樹海に対する保護意識が甘かった。まだ富士山にもゴミがたくさん捨てられていた時代で、いわんや樹海をや、である。

樹海の道路沿いの部分には、よく粗大ゴミが不法投棄されていた。たとえば大量のドラム缶や、大量の車のタイヤだ。おそらくトラックで持ち込んで、捨てて逃げていったのだろう。

二〇一三年、富士山が富士山信仰の対象と芸術の源泉としてUNESCO《ユネスコ》の世界遺産リストに登録された。結果的に清掃活動が盛んになり、悪質な業者による粗大ゴミの投棄は見られなくなった。

また、昔は樹海に一歩足を踏み入れると、ナイロン製のロープが縦横無尽に張りめぐらされていたが、今はずいぶん減った。これは、昔に比べて情報ツールがいちじるしく進化したというのも原因の一つだろう。つまり、ロープで目印をつけるようなアナログ手段をとらなくても樹海探索ができるようになったのだ。

また、一般の散歩客が来る樹海の遊歩道には、昔は金属製の網でできたゴミ箱が置いてあった。倒されて中身が散らばった状態で何年も放置された場所がある。空き缶は平成生まれの人は知らないプルタブ式（開けると蓋が本体から外れる）で、懐かしい気持ちになった。

業者以外にも一般の人が捨てたであろうゴミもたくさんあった。たとえば大量のアダルトビデオ。それも熟女モノばかりだった。プレス作品の主流がＤＶＤに切り替わり、いらなくなったＶＨＳの作品を一気に捨てたのだろう。

財布やカバンがいくつも捨ててあるのを発見することもよくあった。これは今でもたまに見つける。どれも使用感があり、中からは現金が抜かれている。置き引きなどで盗んだ財布、カバンの中身を抜いて樹海に捨てたのか？　と推測するが、そんな軽犯罪の証拠品の隠滅のためにわざわざ樹海まで来るか？　という疑問は残る。

二

樹海内部 ── 場所としての樹海

樹海に来たキャンパーがいろいろな物を残していくケースも多い。岩を組んで竈《かまど》を作り、火を焚《た》いて料理をして、そのまま鍋や皿などを全部放置して帰った跡もあった。しかも大型のテントもそのまま残してあった。富士山の周辺には（樹海の中にも）キャンプ場がたくさんあるので、そちらでやって欲しいものだ。

そして、自殺者（自殺志願者）が残していったテントもある。樹海でしばらく過ごしたあとに、覚悟を決めて自殺をする場合もあるし、死ぬのはやめて帰っていく人もいる。

前者の場合は基本的に死体を回収に来た警察が撤去する。ただ、意外と作業が雑な場合も多く、いろいろ置き去りにされていってしまうことも多い。樹に結わえられたロープ、自殺解説本、ロープの結び方の本、地図などが落ちている。

初めて樹海に行った時、写真の顔部分が焼かれた免許証と、カセットテープを見つけた。家に帰ってそのテープを聞いてみると、クラシック曲が録音されていた。最期に、荘厳なクラシックを聞きながら死のうと思ったのだろうか？

時代の変化とともに音楽を聞く機材も変わっている。カセットテープは見なくなり、CDの束が見つかったり、MP3プレイヤーが見つかったりすることもあった。

携帯電話や携帯ゲーム機が落ちていたこともあった。ちなみにゲーム機には、野球ゲームのソフトが差してあった。

服が捨てられていることも多い。背広が見つかると、おそらく自殺者のものだろうなと思う。樹海に散策を目的に訪れる人は、背広は着てこないからだ。下着が散らばっていること

二

樹海内部——場所としての樹海

木に括りつけられたネクタイ

ヘルメットの落とし物

片方だけのブーツ

も多い。樹海散策者に聞くと、下着が散らばっているそばには自殺死体があることが多いという。しばらく樹海の中で生活したあと死ぬのだろう。下着などは洗って干したりしたのかもしれない。

樹海を歩いていて、一番奇妙だった落とし物はブーツだ。

散策中にふと上を見上げると、かなり高い位置の樹の枝にブーツが片方だけ引っ掛けられていた。枝にヒモで括《くく》ってある。しばらく歩くと、もう片方も掛けられていた。

見た目はジョークっぽいので笑ってしまったが、よく考えると気味が悪い。

まず、なぜ樹にブーツを吊るしたのかが謎だ。中まで湿ってしまったので干すためかもしれないが、だったらなぜそのまま放

二

樹海内部——場所としての樹海

踏み台も落ちている

置して持ち帰らなかったのか？　裸足《はだし》で樹海をうろつくのは、もちろん不可能だ。自殺を決定づける痕跡《こんせき》は近くになかったが、自殺しなかったなら彼（彼女）は何を履《は》いて帰ったのか？　考えれば考えるほど気持ちが悪い落とし物だった。

似たような落とし物には、バイクのヘルメットがある。内側のスポンジの部分はすっかり水を吸って苔《こけ》むしていた。

これもなぜヘルメットを持って樹海の中に入ろうと思ったのか？　そしてなぜヘルメットを捨てたのか？　捨てて帰ったとしたなら、彼（彼女）はノーヘルでバイクに乗って帰ったのだろうか？　ちょっと怪談のような怖さのある落とし物なのだ。

樹海には撮影で来ている人も多い。

自然を写真に撮りにきた人が、カメラの機材を落としていく場合もある。コンパクトカメラやレンズが落ちている。僕自身も、カメラのレンズキャップを落としたことがある。樹海にはきっといくつものレンズキャップが落ちていることだろう。

音楽のプロモーションビデオや、アダルトビデオの撮影も時にはおこなわれていた。撮影で使われたのであろうマットレスが捨てられていたこともあった。このマットレスは一〇年近くそのまま放置され、年々ボロくなっていくのを、樹海に来るたび見続けた。

樹海に来たら、何も残さず、何も持たず、帰ろう。

落とし物　2

前項では比較的小さい落とし物を紹介したので、今回はもっと大きい落とし物を紹介する。どれくらいの規模の物かといえば、自動車の類《たぐい》だ。

樹海に入る際よく利用する富岳風穴《ふがくふうけつ》の道の駅の駐車場には、ずっと停められたままの車があった。大阪ナンバーの軽自動車だ。気がついたのは樹海に雪が降ったあとだった。その一台だけ、雪が積もりっぱなしになっていたから変に思ったのだ。

自動車の内部を覗《のぞ》いてみると、工事現場で使うヘルメットなどが入っている。おそらく建設会社の社用車だったのだろう。社用車でここまで来て、樹海に入って自殺した可能性が高い。大阪から樹海までは五、六時間ほど。最後のドライブの間はどんなことを考えるものなのだろうか？

最初は他の車と紛れていたが、長い期間ずっと放置してあったため徐々に汚れていくし、タイヤの空気は抜けてぺしゃんこになっていく。僕の他にも、置き去りにされた自動車だと気づく人が増えて、写真を撮る人も増えていった。先日、樹海に行った時には、とうとう自動車がなくなっていた。どうやら誰かが通報して、どこかに移送されたらしい。

同じようなパターンでは、樹海内の宗教施設「乾徳《けんとく》道場」へと続く道を登る手前の道路に、スーパーカブが放置してあった（二一一頁写真参照）。このバイクもずいぶん放置されて、雪に埋もれていた。実は、僕が所有するバイクと同型だったので、少しドキッとした。僕自身も、自分のスーパーカブで樹海に来たことがあったからだ。

ただ、こちらのカブは、ハンドル周りなどをかなり改造してあった。また、後部に大きな衣装ケースを二段にして積んでいた。バイクで旅する人がよく使う仕様だ。旅人が樹海に来て自殺することはないとは言えないが、ひょっとしたら樹海に散策に来て、何かトラブルがあって出てこられなくなったんじゃないか？　と思ったらゾッとした。

このように、死ぬために樹海に自動車で来るケースは少なくないという。僕が最初に見つけたご遺体も、実は近くの道路に自動車を停めて歩いて入ってきたのだと思う、とは警察からあとで聞いたことだ。

二

樹海内部——場所としての樹海

大阪ナンバーの社用車

樹海内部の放置車両

とある映画監督に話をうかがった。樹海を舞台にした映画を撮る予定で、ロケハンに来たそうだ。駐車場に自動車を停めると、奥にすでに一台駐車されていた。古いヴァンだった。下を見ると、マフラーに管が取りつけられているのが見えた。

「これは、ひょっとして？」

と、運転席を覗いてみると、やはり排気ガスを引き込み、中で人が死んでいた。

人道的には、すぐに警察に連絡しなければいけないが、撮影スケジュールがかなり押していて、全員で事情聴取を受けていたら時間がなくなってしまう状況だったそうだ。仕方なく一番若手の助監督に通報させ、彼に「一人で見つけた」とウソをついてもらい事情聴取に応じたという。

樹海で自動車を見かけたら、要注意である。

樹海案内人

樹海を案内してほしいと頼まれることがある。ここのところとみに増えてきて、案内人の様相を呈している。

知り合いからの依頼だと樹海への車代を折半できて良いから、ほいほいと受ける。ただ、時々、有名人から案内してほしいと言われることがある。これが良し悪しなのだ。

ここ数年にわたり、毎年週刊誌の『週刊女性』にて樹海の記事を掲載していただいている。ここに出した記事は、後日ネットニュースになってウェブ配信されている。

ありがたいことにたくさん読まれたらしく、「樹海」というキーワードで検索すると僕の記事がかなり上位に表示されるようになった。

その記事を読んだ、とある芸能事務所からメールが来た。内容は左のようなものだった。

「Slipknot《スリップノット》のCLOWN《クラウン》というメンバーが、プロモーション来日予定となっております。

来日の際にCLOWNが『樹海に行ってみたい』と申しておりまして……」

要するに、海外アーティストを樹海に案内してくれませんか？　という依頼だ。

つまり、樹海シェルパである。

とりあえず、二つ返事でOKした。僕は海外アーティストに疎《うと》く、実は、この時はあまりピンと来ていなかったのだが、洋楽に詳《くわ》しい知人に聞いてみると、

「スリップノット?!　まじ！　すげえ！　超メジャーだよ!!」

と、ものすごく興奮した反応が返ってきた。

おお、そんな大物なのかい……と、その時やっと気づいた。

当日、六本木のホテルのロビーに到着すると、スタッフと、取材の雑誌記者、カメラマンがすでにいた。しかし通訳の人は遅れているという。

しばらくして、とても大柄な外国人男性がやってきた。とりあえず挨拶したいが、英語が話せないし、通訳もいないのでコミュニケーションが取れない。移動時間になってしまった

のなかに消えてしまったのだが、ここでも特に話もできず、気まずい雰囲気のまま高速道路をひたすら走って一路樹海へ進んだ。

この日は、かなり強く雨が降っていた。嵐と言ってもいいくらいだ。

普段の、知人と行く樹海散策ならば中止にする天候なのだが、今回は依頼人のスケジュールがあるから仕方がない。

遅れていた通訳さんが現地で合流し、やっと挨拶をする。

「この人が、樹海をガイドしてくれる人です」と紹介されると、クラウンさんは、

「オー！　センセー!!」

と、握手を求めてきた。

『樹海マスター』といったところか。

クラウンさんに「先生」と呼ばれるのはまだ良いのだが、他のスタッフもそれに倣《なら》って僕のことを「センセー、センセー！」と呼ぶので、なんとなく馬鹿にされているような気持ちになった。

二

樹海内部
――場所としての樹海

ザンザン降りの雨の樹海を歩き、富士風穴《ふじふうけつ》に向かう。

樹海は樹が生い茂っているので、枝葉が屋根になり、パラパラした雨ならあまり濡れない。ただし、ザンザン降りではそうもいかない。雨合羽《あまがっぱ》を着ていたのだが、容赦なく降り注ぐ雨

は、縫い目の隙間から入りこみ、身体をぐっしょりと濡らす。

そして、濡れた地面は普段よりも滑る。僕はグリップ力の強いブーツを履《は》いていたが、スニーカーなどの軽装備で来た人は大変だ。

クラウンさんは樹海に強い憧れがあったそうだ。それも、夢のお告げがあった、というようなことも言っていた。そんな、夢にまで見た樹海散策なので、こんな天気の下でももちろん生き生きと樹海を歩いている。

一方、日本人スタッフたちは〝不安〟＆〝めんどうくさい〟と、ありありと表情に現れている。日本人のほとんどは、雨の日に樹海を歩きたくはないだろうから、その気持ちは分かる。

富士風穴は写真映えするスポットなので、腰をすえて写真撮影をする。相変わらず雨がザーザー降っているので、カメラマンも必死の表情だ。ただ、カメラの背後から見ている分には、日頃クラウンさんが被っているトレードマークのピエロマスクは、晴天の樹海より、雨の樹海の方が似合っている気がした。

クラウンさんが地面に落ちている白い紙を見つけた。

「これはなんだい、センセー?」

誰かが捨てた雑誌か何かですかね?　と答えると、クラウンさんは興味を持ったようだ。そのあたりにあった棒で紙を持ち上げると……糞《くそ》が出てきた。人の野糞の跡であった。目に見えてガッカリするクラウンさん。その姿を見た一行に、ゲラゲラと笑いが起きた。

　撮影が終わった後、一人のスタッフさんが僕のもとにやってきた。

「クラウンさんが、遊歩道を外れて樹海の中の方を歩きたいと言っているのですが、大丈夫でしょうか?」

「別にいいっすよ」

　カバンから方位磁針を取り出すと、そのスタッフが不安に満ち満ちた顔をした。

「樹海って、方位磁針使えないんじゃないですか?」

　何度も書いたとおり、樹海の話をしているとほぼ確実に、毎回訊かれる質問だ。

「都市伝説ですよ」と説明すると、うなずいてはいるものの、内心は信じていない目をしていた。

　普段の樹海探索では、自殺死体が見つかるといいな〜と思って歩いているので、自殺志願者が進みそうな場所を推測して進むのだが、今回は、ただ樹海の中を歩きたいだけの「お散歩」に近いものなので、富士風穴からとにかく西に向けて歩いて行く。

　クラウンさんは、樹海の中を歩くにはかなり大柄である。樹海の地面は腐った倒木が多いので、体重が重たいと、朽木《くちき》や洞《うろ》を踏み抜いてしまうのだ。心配ではあったものの、

(ここでもしクラウンさんがケガとかしちゃったら、全世界にニュース配信されるんだろう

な〜）

　などと、内心では考えていた。

　クラウンさんが気に入った場所があったら雑誌用の撮影をし、終わったらまた進む、を繰り返しつつ歩いていく。

　一時間ほど進んだところで、スタッフが暗い顔で言ってきた。

「そろそろ引き返しませんか？」

　気づけばスタッフ全員の顔が緊張でガチガチにこわばっている。疲労も出てきたらしい。どうやらみんな樹海で迷子になっていると思いこんでいるようだ。

「大丈夫ですよ。迷ってもそう簡単には死なないですよ」

　笑いながら言ったが、誰も笑わない。

　仕方がないので来た時とは逆に、東へ東へと進んでいく。原始的な方法だが、これが案外迷わない方法なのだ。

　背後を振り向くと、みんな葬列のような表情で、大人しく、黙〜ってついてきている。

　しばらくすると予定通りスタートした地点に到着して、全員の表情にやっと明るさが戻ってきた。

「センセーが不審な動きをしたから、もう出られないかと思ったよ」

　のちにクラウンさんまで言っていた。

二

樹海内部
——場所としての樹海

最後は全員で、富士山本宮浅間大社《ほんぐうせんげんたいしゃ》に向かう。

「何かあってはまずいですので、ツアーの最後にはお祓《はら》いができる場所もセッティングしてください」

と、依頼を受けた時から事務所の人に頼まれていたのだ。

僕は、霊も神も、何も信じていないので、もちろんお祓いなんてしたことがないが、神社や日本神話は好きなので、富士山本宮浅間大社について知っていた。

神社へ移動中のバスの中で、日本人スタッフが
「会社の社長が、『絶対に霊を連れてくるな！』ってうるさいんですよ〜」

と言っている。樹海での自殺者がいくら多いと言ったところで、現実的に考えれば、一ヶ所で人間が死んだ数は、樹海よりも都内の大手病院の方がずっと多いだろうに。

この社長氏の論理に従うと、病院に行くたびに神社に行って祓ってもらわなければならなくなるわけだ。馬鹿馬鹿しいなと思うが、みんな目は本気だ。

話題を変えようと、話を振ってみる。

「富士山本宮浅間大社の祭神《さいじん》は、コノハナサクヤヒメなんですよ〜」

「なんすかその名前。ツボる！」

笑われた。

木花咲耶姫《このはなさくやひめ》とも書き、アマテラスオオミカミの孫の嫁、天皇家の始祖・神武《じんむ》天皇のひいおばあさんにあたる、日本神話的にはかなり大物の神様なんだけれども……ツボられてしまった。

そもそも祭神も知らないのにお祓いが効くのか？　というか、クラウンさんはキリスト教徒なんじゃないのか？　効くの？　などと思うけど、「気は心」というやつなのだろう。

同行者全員で富士山本宮浅間大社の社の中に入り、巫女《みこ》さんから一通りの説明を受けた後、神主からお祓いを受けた。

「はらいたまえ～　きよめたまえ～」

と、御幣《ごへい》を振っている。クラウンさんはどう考えたって何をやっているか分かっていない。仏教と神道の違いも正確には理解していない可能性が高い。アメリカ人がそんなことを知る必要もないし。

案内を終えて帰宅すると、新たにメールが来ていた。

大阪のテレビ局からで、ジャニーズ事務所のタレントさんを樹海に案内してほしいというものだ。

まだまだ、樹海シェルパの仕事は続きそうである。

樹海はさまざまな人が訪れる。観光客から自殺志願者まで、その目的は多種多様だ。そして近年で一番顕著な客層の変化は、外国人観光客の異様な増加である。彼らはなぜ樹海に魅せられるのか、訪れる人のモチベーションとはなんだろうか。

樹海に興味をもった友人、テレビの企画で訪れる芸能人、いわゆる「樹海マニア」「死体マニア」たち、樹海の中に消えた見ず知らず人々、そして元殺人犯など、樹海案内人をつとめた際の、良くも悪くも印象的な経験を紹介しよう。

彼らが樹海に関わろうとする理由とは。

青木ヶ原樹海に通うようになって、もう二〇年になる。人にとってはとても長い年月だが、樹海の様子は二〇年ぽっちではほとんど変わらない。だが、周りの様子はずいぶん変わった。

その一つとして外国人が増えたことが挙げられる。もちろん日本中に外国人観光客が増えたというのはある。そこそこマイナーな観光スポットに行っても外国人観光客がいる。和歌山県の三段壁《さんだんべき》という飛び降り自殺スポットに行っても、

「オオウ!!　ここからみんな飛び降りるの？　コワイね!!」

と言っている外国人がいた。

しかし、樹海は国内の観光客増加というだけでは説明がつかないほど外国人観光客がいる。しかも多国籍だ。

先日、富岳風穴《ふがくふうけつ》で車を降りたところ、駐車場にいる人のほとんどが外国人だった。これは

二

樹海内部 ―― 場所としての樹海

理由があるはずだ。

まず、青木ヶ原の映画がウケているというのがある。

青木ヶ原が舞台の日本映画は数えるほどしかない。日本映画では、松本清張《まつもとせいちょう》の小説『波の塔』が一九六〇年に映画化されている。他には、石原慎太郎《いしはらしんたろう》の短編を原作にした『青木ヶ原』（二〇一二）、お笑いコンビ・インパルスの二人を主演に据《す》えた『樹海のふたり』（二〇一三）など。珍しいところで、『恐竜・怪鳥の伝説』（一九七七）は西湖《さいこ》を舞台にした、恐竜vs怪鳥の対決パニック映画だ。樹海で自殺未遂をした女性が巨大な卵を見たというシーンから始まる。まあ、いわゆる怪獣映画なので細かい点はいい加減だ。

だが、最近になって、海外で樹海を舞台にした映画が次々に作られた。

『グッド・ウィル・ハンティング／旅立ち』『エレファント』などの作品で知られるガス・ヴァン・サントがメガフォンを取った作品が『追憶の森』（二〇一五）だ。主演にマシュー・マコノヒーと渡辺謙という豪華な配役だ。樹海で自殺しようと思った男二人が出会い、ともに旅をする物語だ。

『ＪＵＫＡＩ―樹海―』（二〇一六）は、アメリカで作られた樹海を舞台にしたホラー映画だ。「青木ヶ原駅」「鳴沢《なるさわ》案内所」（地下が霊安室になっている）など、現実にはない、かなり変な施設も出てくるが、まあ娯楽作品だから良いだろう。

そもそも人気が高いスポットだったので映画の舞台になったが、映画化によってますます人気が上がった。

　ただし、山梨県は、

「山梨県自殺防止対策行動指針を策定し、青木ヶ原樹海を舞台とした自殺を助長する恐れのある映画等の撮影については、県有地である樹海の使用を認めない」

　と、僕からすれば「何様のつもりだ?」という感じの悪いことを言っている。結果的に、樹海を舞台にした多くの映画は、青木ヶ原ではない森で撮影されている。

　山梨県がどう言おうが、青木ヶ原樹海が世界中で「スーサイドフォレスト（自殺の森）」として人気が高いのは事実だ。

　また、世界中のメタルミュージック界隈《かいわい》では、「青木ヶ原」「樹海」という単語が流行《はや》っている。「ＡＯＫＩＧＡＨＡＲＡ《アオキガハラ》」という、そのままの名前のバンドもあるし、『ＡＯＫＩＧＡＨＡＲＡ』というタイトルのアルバムをリリースしているバンドも多い。山梨県が隠したがる、自殺の森・青木ヶ原は、いつの間にか世界ではとてもメジャーな場所として認識されていた。

　僕が樹海を案内した、海外バンド「スリップノット」のクラウンさんも、

「どうしても青木ヶ原に来たかったんだ。ここに来るようにって夢を見たんだ。足を運べて本当に感激だよ」

　と言っていた。土砂降りの樹海はかなりしんどかったはずだが、それでも楽しい思い出に

なったらしい。

そして、僕自身、アメリカの雑誌にインタビューを受けたこともある。

『Girls《ガールズ》 &《アンド》 Corpses《コープス》』。直訳すれば『少女と死体』という、「大丈夫かお前？」と思わざるを得ないタイトルの雑誌だったが、インタビュー自体はとても丁寧でまともだった。なんと、カラーで六ページも掲載された。

「なぜ日本人は樹海で死ぬのか？」

と聞かれたので、

「青木ヶ原には天皇の祖先神であるコノハナサクヤヒメが祀《まつ》られています。我々日本人は、少しでも天皇のもとに近づくために樹海で死ぬのです」

とアメリカ人に受けそうな〝嘘〟をついておいた。アメリカ中にデマが広がっているといいなあ。

記事の挿絵には、樹海で首を吊る死体と一緒に写メを撮る日本人女子高生たちのイラストが、アメリカンな濃いぃタッチで描かれていた。なるほど「ガールズ & コープス」である。

二

樹海内部 ——場所としての樹海

樹海で一番怖い人
——Kさんの話

僕が樹海を訪れた回数は、正確に数えてはいないけど、一〇〇回は超えていると思う。そんな話をしていると、

「村田さんは樹海マニアですね〜」

と、言われることも多い。たしかに、傍《はた》からすれば「マニア」に見えても仕方がないのだが、僕自身は自分のことをマニアだとは思っていない。なぜなら、僕が樹海に行く理由は、基本的に仕事、お金のためだからだ。では、本物の「マニア」とはどんな人物かといえば、自分の満足心を満たすためだけに行く人ではないか。

たとえるなら、僕が金のために人を殺す殺し屋だとすると、マニアは自身の快楽のために人を殺す殺人鬼。漫画の『ゴルゴ13』の主人公と、映画『羊たちの沈黙』のレクター博士と

二

樹海内部

――場所としての樹海

を比べている感じだ。まあ、どちらも友達にはなりたくないでしょうが。

今回紹介するのは、後者、レクター博士的なマニアの人物だ。それも、死体を探すことを唯一の目的にしている、生粋《きっすい》の「樹海死体マニア」だ。

仮に「Kさん」とするが、彼は四〇代なかばの男性だ。見た目は、優しい笑顔が特徴のスマートな男性だ。某有名企業で働いているエリートサラリーマン。もし合コンに行ったら、普通に、女子たちが取り合いになりそうな好条件の男である。

そんな彼がマニアになったのは、とある一体の死体が発端だったという。

十数年前、彼はある探検グループに誘われて樹海を訪れた。軽い気持ちで参加した。当時は、今よりも報道規制が緩く、樹海の自殺に関する記事や情報も多く、樹海で自殺する人数自体も多かった。死体が多いと噂されている場所を数人のグループで歩いていると、不意に異臭が鼻についた。異臭に向かって進んでいくと、樹に死体がぶら下がっていた。首吊りだ。

その死体はのちに僕も写真で見させてもらったのだが、ゾンビ映画にも出てこないような、エグい、グロい死体だった。

顔は赤黒く腫《は》れて、目、鼻、口からは、内臓なのかなんなのか判別できない、セメントのような色をしたジェル状のモノがダラダラとあふれて、濃紺のシャツを汚していた。人によっては一度見たら忘れられず、トラウマになって病院に通うことになりそうな死体だ。

「その死体を見た時は、本当に感動して、〝これだ!!〟と思った。近寄ると、肉が腐ったとても臭《くさ》い臭《にお》いが鼻を突いた。マジマジと死体を見たあと、気がついたら持ってきていた、パンをその前で食べてたね」

死体の前でムシャムシャと飯を食う様子に、同行者は驚いて声もかけられなかったという。

「そんなの初めに見つけちゃったら、やめられないでしょう！　もう、次の死体が見たくて見たくて、グループでも、一人でも、樹海に通ったよ」

Kさんは、毎週末のように樹海を訪れて死体を探した。

「Kさんって休みの日何してるんですか？」

と会社の同僚から聞かれると、

「何もすることないから、ただボーっと寝てるよ」

と答えていた。

後輩からは、ただの車好きの先輩と思われていたらしい。なぜなら、当時Kさんは高級車の代名詞「ポルシェ」に乗っていたからだ。

「正直、ポルシェに対する愛情なんて何もなかった。なんでポルシェに乗ってたかって言えば、『早い』から。スピードも速いし、みんな避けてくれるしね。早く樹海に着けるでしょ？そうしたら早く死体を探しはじめることができて、見つかる確率が上がる。それだけ。でも、エアコンが壊れたから買い替えちゃった」

こんなに愛情のない、ポルシェユーザーを見たのは初めてだった。

僕は、Kさんと何度か樹海散策をした。初めて会ったのは樹海の中だった。樹海の外で待ち合わせすると非効率的なので、GPSの座標を目印に待ち合わせをしたのだ。

樹海の中では基本的にそれぞれがバラバラに散策する。

「死体が見つかるかどうかって、基本的には運なんだよ。もちろん確率を上げる方法はある。手っ取り早いのは〝目〟を増やすことなんだよね」

つまり、みんなでゾロゾロ歩くよりも、それぞれがバラバラに歩いた方が、捜索範囲が広がり、死体に出くわす確率も上がるということだ。だから樹海の真ん中で集合して、樹海の真ん中で解散する。秘密結社の集会も、これに比べたらもう少し分かりやすい場所で集まるだろうに。

Kさんの樹海の進み方は、かなりゆっくりだった。数歩進んでは、ゆっくりと樹海を見渡す。また数歩進んで、見渡す。それを繰り返す。Kさんは何を探しているのだろうか？

「色だよ。自然界にはない色を探してるんだよね。樹海は、ほとんどが緑か茶色でしょ。赤とか、青、黄色なんて色は少ない。だから、人工的な色を見つけたら、そこに死体がある確率は高い」

僕が一緒に樹海を歩いていた時も、Kさんは死体を発見した。

二

樹海内部

——場所としての樹海

見つけた死体は、樹木の下に横たわっていた。死因は不明。ほぼ白骨化していて、上半身の骨はバラバラ。頭蓋骨は行方不明になっていた。ただ、腹部から足にかけてはまだ肉、皮が残っていた。

ほとんど自然に還っている状態だったが、履《は》いていたジーンズはきれいに残っていて、青かった。その青さがKさんの目について、発見に至ったのだ。

Kさんはカバンの中から焼きそばパンを取り出して、ムシャムシャと食べはじめた。もちろん視線の先には死体がある。

死体の前でご飯を食べたって、死体損壊罪にはならないが、それでもとても罰当《ばちあ》たりな行為だと思った。なぜ死体の前でご飯を食べるのか理由を尋ねる。

「え、そりゃ美味《おい》しいから。美味しいよ？　一度試してごらんよ」

ちなみにその日、Kさんと同行した人たちは、死体を発見後、誰もご飯が喉を通らなかったそうだ。

そんな状態だというのに、Kさんはこの死体では満足しなかったらしい。

「白骨死体はね〜、まあ、ないよりはあったほうがマシって感じかな。枯れ木も山の賑わい……って感じ。やっぱり死体は、適度に腐ってるのがいいね。新しすぎず、腐りすぎず。旬な頃合いの死体って、なかなか見つからない。それが一番ご飯に合うよ」

そう言って笑うKさんの笑顔は、とても優しい。

二

樹海内部
——場所としての樹海

日本語が分からない外国の人が見たら、お天気の話でもしているのかと思うかもしれない。

そんなKさんは、最近増加中の外国人の樹海訪問客のことをどう思っているのだろうか。

「最近は外国の人、増えたよね。海外で〝AOKIGAHARA（青木ヶ原）〟ブームだからだと思うけど。こないだ樹海散策してたら、外国人のグループが目印にスズランテープを張りながら歩いてた。『ハーイ！』って陽気に手を振ってきたから、こっちも一応手を振ったあと、彼らが見えなくなってから、スズランテープを切って帰り道を分からなくして戻ってきたよ。迷子になったら面白いなと思って」

また優しい笑顔で笑う。それって、下手したら殺人になるのでは？　と訊くと、Kさんは鼻で笑った。

「僕が一番訊かれる質問って、『Kさんって樹海で人殺さないんですか？』っていうことなんだよね。いつも、僕は『クリエイター』じゃないんでって答えるようにしてる。僕はあくまで散策するだけだよ」

クリエイター……。死体をクリエイトする、という意味で言っているのだろうか？　死体を創造する。それぞれの単語の意味が矛盾しているが、もし相手がサイコパスなら、その発言としてはとても説得力がある言葉だ。

「スズランテープを切ったって、なかなか人は死なないよ。まず出てこられる。ただの嫌がらせだね。まあ死んだところで良心は痛まないけど。彼らもしばらくあとに、出られてたみたいだよ。休憩所で死体みたいに青い顔でうなだれてたのを見た」

外国人グループの方々にとっては、災難以外の何ものでもない。

ひょっとしたら、樹海の呪いと思ったかもしれない。


そんなKさんにも、珍しい体験があったそうだ。

「そういえば、こないだ樹海の中で生きてる老人見つけたんだよ」

Kさんが樹海を歩いていると、横たわっている人の体が見えたという。死体発見か！と喜んで近づいていくと、それはまだ生きていた。横たわったまま、首を動かしている様子が見えた。

「ずっと観測していたんだけど、死ななかった。後日、その場所にもう一度行ったんだけど、その時老人が読んでいた本が残されてた。ナンクロの本と、西村京《にしむらきょう》太郎《たろう》のサスペンス小説だった。どうにも死ぬ前に読む本じゃないね。ただ樹海に遊びに来てた、頭のおかしい人なのかも。でも樹海の中で会って一番怖いのは、生きた人間だね。つくづく思った」

Kさんは、相変わらず優しい笑顔で語った。

たぶん樹海の中で一番怖いのはKさんだと、はっきり思った。

元殺人犯と行く樹海取材ツアー

二

樹海内部

――場所としての樹海

僕が三〇代中盤だった頃のある日、男性向けの雑誌の編集部から電話があった。

「人殺しをインタビューして欲しいんですけど、大丈夫ですか？」

改めて字面を見てもとんでもない台詞《セリフ》だと思う依頼だが、当時の僕はかなりヤバイ取材もたくさん受けていて、それほどのショックはなかった。

ただ一口に「人殺し」と言われてもよく分からないので、どういうことか詳《くわ》しく聞く。編集部に、殺人罪で刑務所に入っていた男から「自分を取材しないか？」と、売り込みの連絡が来たのだという。

連絡が来た編集部では、主に不良グループや暴力団の事件を扱う雑誌を作っていた。

「人殺し氏」は獄中でその雑誌を読んでいて、出所したら連絡しようと常々思っていたのだそうだ。

監獄に入っていたということは、とりあえず罪は償《つぐな》い終わっているわけなので大丈夫だろうと、引き受けることにした。

どこでインタビューすればいいのか尋ねると、樹海へ移動する自動車の中だという。

「実際に殺人をしたのが樹海の中だそうなんですよ。『殺人犯と現場に行こう！』という企画なんです」

まったくもって、ひどい企画である。

果たして当日を迎え、件《くだん》の「人殺し氏」が現われた。見た目には三〇代半ばで中肉中背の男性。オールドスタイルの黒いコートを着こんでいる。

終始笑顔なのだが、ニコッと爽やかなスマイルではない。攻撃的な、肉食動物を思わせる笑い顔だ。背中がゾクリと冷える。

とりあえず挨拶をして、ワゴンに乗り込んだ。僕と「人殺し氏」(仮にMさんとする)と、編集者二名の、計四名の旅だ。高速道路を山梨方面へ走りながら、インタビューを始めた。

まずは、逮捕された理由を尋ねる。

「当時、テレクラで荒稼ぎしてたんだけど、敵対する暴力団の男が俺のシマを乗っ取ろうとしやがってね。そいつに殺されそうになった。なんとか殺されずに済んで、逆にそいつをさらって監禁した。拷問した後に樹海に連れていって、その中で殺した」

Mさんは言い終わると、ニヤリと笑った。その笑顔がまた恐い……。

二

自分を殺そうとしてきた憎き相手とはいえ、人間一人を殺すとなると、いろいろな意味で大変だろう。実際に殺すまでに、躊躇《ちゅうちょ》があったのではないだろうか？

「いや、ためらいとかは、まったくなかったね。俺、組の中では長いこと〝拷問〟と〝殺人〟を担当してたのね。小さいビル一棟を改装して、毎日のようにいろいろやってたから。その時も、殺すこと自体は別に平気だった」

その時に限って、死体の処理方法を変えたのが捕まった原因だった……と、Mさんはやや反省したような口調で言った。

樹海に死体を放置したら報道されるはず。それが相手の組や部下に対して示威《しい》行為になればと思ったが、結果、自分が逮捕されてしまったのだから失敗だったな、と自嘲気味に言う。

実際にそうだったのかもしれないが、ひょっとしたら殺したあとに死体を埋めようと思ったけれど埋められなかったのかもしれない。樹海の地面は土ではなく溶岩なので固いのだ。掘ろうと思っても、表面に乗っかっている腐葉土しか掘れない。すぐに固い溶岩が出てきて行き止まりだ。結局、放置するしかない。

しかし、もちろんそんなことは訊けず、黙って話の続きを聞く。

殺した相手は活《い》きの良い奴で、殴っても、切っても、なかなか心が折れずニヤニヤと笑っていた、と語る。

「そういう奴を大人しくさせる方法ってなんだと思う？」

いきなりクイズを出されたが、僕はここまでの話を聞いているだけなのに心が折れているありさまで、答えなど分からない。

「そういう時はな、拷問相手の肉を食ってやるんだよ。足でも、腕でも、生きたまま肉を削《そ》いでさ。そいつの目の前で、自分の肉が生で食われてるとこを見せるんだ。すると、どんだけ勢いがある強い奴でも、ヘタッと心が折れる」

うん、そりゃ、折れるだろう。……とは間違ってもやっぱり口に出せない。

「あとは、目の前でそいつの家族を殺すのも効く。人によっては、悪いのは本人だけで家族は関係ない、かわいそうだ、とか言う奴がいるけど、俺には理解できない。悪い奴の稼いだ金で買った米を食ってブクブク太っておいて、『私たちは関係ない』は通らないな。そいつらは悪い奴の一部だ。俺は殺すし、食う」

……やっぱり最後は食うんだ。あまりのことに、目の前がチカチカするような幻覚に捕らわれた。

しばらくして、休憩をするために高速道路のサービスエリアに駐車した。

車内ではずっとひどい緊張状態にあったので、少しホッとした。トイレを済ませて出てくると、Mさんが外に置かれたテーブルで焼きそばを食べているのが見えた。

若手でちょっと調子に乗るタイプの編集者が「お、焼きそばいいっすね！　美味《うま》そう」と話しかけると、Mさんはじっと編集の顔を見た。

二

樹海内部——場所としての樹海

「お前、焼きそば好きなのか？」

「好きっすよ」

編集が答えると、突然Mさんは焼きそばを素手でガッとつかんで、編集の顔面に向かってその手を突き出した。

「好きなら、食え」

「まてまた、冗談ですよねー」

Mさんは黙っている。編集はおどけた態度を続ける。Mさんの手からは、まだ温かい焼きそばの湯気が漏れている。

「食え」

「え、マジで言ってるんですか？」

「食え」

「は、はい……」

結局、編集は迫力に押し負けて、Mさんの横で地面に膝をついて膝立ちになり、空を見上げるようにして口を開けた。Mさんは淡々とその口の中に焼きそばを詰めこむ。

「美味いか？」

「う、美味いです……」

「そりゃ良かった」

樹海の深部へ

Mさんは、満足そうにニッと笑った。傍《はた》で見ていた僕は、とても嫌な気持ちになった。

東京に帰りたいなあと思いつつ車へ戻り、再び樹海を目指した。

車内で予定していたインタビューは終わり、それぞれ手持ち無沙汰に任せて携帯をいじったりしている。

Mさんは頻繁に誰かに電話をしては、たまに、「殺すぞ！」とか「食うぞ！」とか怒号を飛ばしている。刑務所から出てきて間もないのに、もうアクセル全開の様子だ。

怒鳴るたびに車内がピリッと緊張する。樹海までの道のりは慣れているが、普段の何一〇倍もかかったような気がした。

車は蝙蝠穴《こうもりあな》の駐車場に停まった。そこから徒歩で樹海の内部に入っていった。

二

「深夜に車を停めて、俺と部下と殺す相手とで、ここから樹海に入っていったんだ」

その時はまだ生かしておいたままだったそうだ。仏心からではない。殺してしまったら、自分たちで運ばなければならず面倒臭いから自分で歩かせた、というあくまで合理性の問題だった。

何度か僕にも経験があるが、夜の樹海はとにかく真っ暗闇だ。普通の家庭用懐中電灯の明かりでは、満足に照らせない。自分一人であっても進むのは容易ではないのに、これから殺害する相手と進むのはなおのこと大変だっただろう。

その時は、ある程度進んだ場所で殺すことに決めたそうだ。

「正確な場所は分からないが、ここらへんだと思う」

と言ってMさんは立ち止まった。

すると、今までほとんど口をきかなかった年配の編集者が、唐突に提案してきた。

「せっかくMさんと来ているわけですから、村田さんがMさんに擬似殺人されてみましょう」

は？　何言ってるの？　馬鹿なの？　と思ったが反論する間もなく、編集者たちはサササッと三脚で定点カメラを設置して去っていった。おそらく僕にヒミツで打ち合わせしていたのだろう。こういう時だけ妙に手際がいい。

樹海の中に、本物の人殺しMさんと二人きりになった。樹海は恐ろしい森といわれるが、こんなに恐ろしいことはまずないだろう。

Mさんはニッと獣《けもの》の顔で笑うと、「じゃあ、殺《や》ろうか?」と言った。心の底から「嫌です」と返したいが、最早そうもいかない。

Mさんは、自分と背中合わせになって立つよう僕に指示した。しぶしぶ背中を合わせると、どこから出てきたのか、するするとロープが頭上から下りてきて首に掛かった。

――と、刹那《せつな》、ピン! とすごい力でロープが引かれた。Mさんは柔道の一本背負いのような要領で自分が握っているロープの両端に力を加え、首を絞めているのだ。

反射的にロープと首の間に指を挟むことができたのでなんとか気道を確保できたが、ロープはその後も容赦なくギュウギュウと締めつけてくる。

(この人、本気で殺す気なんだ! ヤバイ!)

脳内でパニックを起こし、精一杯ジタバタと暴れるがどうにもならず、本当に呼吸が止まりそうになった瞬間、ふっとロープの緊張が解けた。

吊り上げられていた状態から解放され、地面に膝からしゃがみこむと、ゲボゲボと咳《せき》が出る。

急に空気を吸いこんだせいで過呼吸になり、喉の奥でゼヒゼヒと激しい呼吸音が響いた。

そんな僕の様子を、Mさんはゆっくり見下ろした。

「情けないなあ。ここで殺された奴だってもっと堂々としてたぞ。男らしくないなあ」

そう言うと、わははははっ! と樹海中に響くような大声で笑った。僕も笑おうとしたが、

二

樹海内部——場所としての樹海

遺されたロープ

どうしても笑顔を作ることができなかった。

編集者たちが置いて行ったカメラを片付け、駐車場に戻る。

ついさっき自分を殺そうとした男と並んで歩くのはただでさえ嫌なものだが、手には、まさに今死亡しかけている自分の映像が収められたカメラがある。手の中も足取りもずっしりと重く、気づまりを通り越して吐き気を催《もよお》すような状態だった。

「Mさんて、怖いものあるんですか？」

東京へ帰る車内で、Mさんに聞いてみた。

恐いものなんかねえよ、と言われるものと想定しての質問だった。

「霊が怖いな」

間《かん》、髪《はつ》をいれずに即答された。

往路とは違う意味で、車内が静まり返るのがわかった。

Mさんは、霊が見えるし、本当に信じているのだという。人を何人も殺して、生きたままその肉を削いで食べると豪語していた人が、霊などという、あるのかないのか分からないようなモノを怖がるなんて、にわかには信じがたい。

Mさんは、ビルの一室で何人もの人間を拷問し、殺したという。その話が事実なら、その部屋には、恨みつらみがびっしりとこびりついていることだろう。恨みを抱いて死んだ人間が幽霊になって出てくるという説が正しいなら、その部屋はさぞかし幽霊だらけのはずだ。

二

樹海内部 ―― 場所としての樹海

幽霊などいないとしても、そんな阿鼻叫喚《あびきょうかん》が染みこんだ部屋は、想像するだに恐ろしい。

「ひょっとして、Mさんが今まで殺した人が、幽霊になって出てくるから怖いんですか？」

すると、Mさんは僕の質問を鼻で笑い飛ばした。

「馬鹿言うなよ！　俺に殺された奴なんてまったく怖くねえよ。俺より弱かった奴が霊になったって、そんなのちっとも怖くない。なんにもできるはずがないからな！」

幽霊だったら、元が誰でも無条件に怖いわけではないのか。では、霊の何が怖いのだろう？

「もっと強い力を持った霊だよ。得体の知れないヤツだ。もしかしたら、そもそも人間じゃないのかもしれない。自然から生まれたんだろうか。ドロっとした、白くて大きい怖い霊だよ……」

Mさんは話している途中も身震いしていた。暗い樹海の真ん中で、殺人方法を模範演技してみせた彼とは打って変わり、何かに追い詰められているような姿だ。

「今、俺の住んでいるマンションにもいるんだよ。それがとにかく怖いんだ」

僕には、隣に座り霊が見えると言って震えるMさんが、とにかく怖かった。

Mさんは現在、殺人ではないが大きな犯罪をして、また刑務所の中にいるという。

刑務所の中に、ドロッとした白くて大きい怖い霊が現れないと良いのだが。

背広と女の子

「樹海で怖い思いをしたことはありますか?」

これもよく訊かれる質問だ。

死体を発見したり、樹海の中で迷ったりした時は本来は怖いはずなのだが、アドレナリンが出ているのか、興奮してしまいあまり怖く感じたことはなかった。出所したばかりの「殺し屋」の男と樹海に行った時は、さすがにとても怖かったが、厳密にはこの殺し屋の存在に恐怖を感じたのであって、樹海が怖かったわけではない。

少し返答に困る質問なのである。

そんな時に決まって話すエピソードがある。怖いし後味の悪い話だ。

数年前、知り合いに樹海を案内してくれないかと頼まれた。TV番組などで何度か樹海

二

樹海内部——場所としての樹海

を案内したことはあったし、樹海まで自動車を出してもらえるなら御《おん》の字《じ》だと思い、気軽にオーケーした。

集まった人たちは全員樹海初心者で、普段アウトドアもしない人たちだった。ならば、普通に観光コースを回れば楽しいだろうな、と思って案内を開始した。

富岳風穴《ふがくふうけつ》、鳴沢氷穴《なるさわひょうけつ》の地下洞窟をめぐる。小学生の遠足の一団と重なってしまい、とても騒々しい。この機会に行ってみようと思い、初めて蝙蝠穴《こうもりあな》の地下洞窟めぐりにも挑戦した。

樹海で死体を探すマニアたちと同行する時は、独特の緊張感がある。全員に「死体を探す」という明確な目標があるので、もし死体が見つけられなかったらその旅自体が無駄足だったということになってしまう。だから、散策している時は楽しいという雰囲気ではない。果たして死体が見つかった後は、目的を達成したのでテンションは否応《いやおう》なしに上がる。だが、現実に死体と直面するわけで、「楽しい」という感情が湧くわけではない。

みんなでのんびりと樹海の名所を回るという行為は、単純にレクリエーションとして楽しい。僕にとっては少し珍しい経験だった。

お昼になり、初めて「乾徳《けんとく》道場」に行った際に道を尋ねた精進湖《しょうじこ》のほとりにあるレストラン「ニューあかいけ」で昼食をとった。最後に観光の鉄板と言われる名所・富士風穴に行くことにした。洞窟の中に入ることもできる季節だったので、全員で地下空間を満喫した。

みんな満足して、来た道である県道71号を走って帰る。この道路の正式名称は静岡県道・

山梨県道71号富士宮《ふじのみや》鳴沢線だ。富士山の西麓から青木ヶ原樹海の真ん中を突っ切って走る、一〇キロほどの道路だ。

風光明媚《めいび》な道路で、ドライブやツーリング客にも人気がある。ただ、鹿が飛び出してくる場合もあるのであまり飛ばせない。その日も風景を楽しみながらゆっくりと走っていた。すると、

「あれ？　あの人なんだ？」

と運転手が口にした。視線の先を見ると、樹海の遊歩道を歩くには不似合いな、キッチリとした背広を来た男性が歩いていた。

その男性の右手の先は、子供の手とつながれていた。赤い服を着た、小さな女の子だった。さらにその男性は、見るからに力まかせに女の子の手を引いている。

そのまま樹海の中に入っていってしまう。

その地点で僕らは彼らとすれ違ってしまった。振り返っても、もう二人の姿は見えない。転回しようと思ったが、71号線は二車線の道路なうえ、その日はそこそこ交通量が多くなかなか転回できなかった。やっと戻って来た頃には、もちろん影も形もなかった。

二人を見失った地点を改めて見てみると、入っていった場所は、遊歩道ではなかった。

「なんであの親子は樹海の中に入っていったんだろう？　もうすぐ夕方なのに……」

「そもそも親子なのかな？」

二

質問が次々に口をつくが、誰も答えない。

しばらくの間、僕らはその場で佇《たたず》んでいたが、結局その二人は帰ってこなかった。

先程まで楽しかった車内は、会話もないシラけた雰囲気に変わってしまった。

最後に精進湖のほとりから富士山を見ようということになったが、僕たちの心の曇りが反映されたように、曇天へと急変してしまい、何を見ることもできなかった。

自殺を止める人々

青木ヶ原の観光名所である富岳風穴《ふがくふうけつ》や蝙蝠穴《こうもりあな》、精進湖《しょうじこ》から富士山を登る精進口登山道のあたりをウロウロしていると、視線を感じることがある。制服を着た年配の男性たちが、ジロジロとこちらを見ている。

自殺者を止める水際《みずぎわ》対策として、駐車場や売店などにボランティア監視員を配置して自殺企図の疑いがある人には声をかけているのだ。自動車から監視していることもあるし、歩いて声をかけることもある。

一度、雑誌の企画で、とても樹海を散策するとは思えない服装の人と樹海に行ったことがある。同行者は着古したジャケットとチノパン。靴《くつ》は、サラリーマンが履《は》くような革靴。カバンも持っていない。ボサボサの髪の毛に陰鬱《いんうつ》な表情の男性だった。どう見ても怪しい。自殺志願者にしか見えない。

二

駐車場で車を降りて一分以内に監視員に声をかけられた。一緒にいる僕はそれなりの装備をしているのだが、それでも同行者の負のオーラが勝ったのか、強引に話しかけてくる。優しく問いかけてくる感じではなく、まるで犯罪者を問い詰めるような態度だ。そこには「青木ヶ原ふれあい声かけ事業」なんて生やさしい感じはない。不審だった場合はそのまま追尾され、保護（拘束）され、警察に通報される。

山梨県の「青木ヶ原自殺対策事業」の説明を見ると、

「本県での自殺者を減少させるためには、県民に対する自殺対策とともに、県外からの自殺者を減少させる対策が必要であり、特に、県外からの自殺者が多い青木ヶ原樹海での対策が重要である」

と書いてある。

つまりうがった見方をすれば、

「よその県からやって来て死ぬんじゃねえ、死ぬなら自分の県で死ね！　出てけ‼」

ということである。

同行者は一度開放されるも、すぐにまた違う監視員に捕まり、そしてまた次の監視員に捕まりと、何度も何度も捕まっていた。一緒に行動している身としては、ほとほと迷惑だった。

テレビの企画でタレントと遊歩道を歩く場面を撮っている時も、監視員がまとわりついてきて、とても失礼な対応で迷惑した。もちろん自殺者を減らしたいという崇高《すうこう》な目標は分からないではないが、あからさまに違う場合は放っておいて欲しい。「スタンフォード監獄実験」(※)ではないが、どうしても長く「他人を詰問、拘束できる立場」でいると、自分が警察官であるかのように態度が偉そうになっていくらしい。樹海マニアのKさんいわく、

「なんといっても彼らは見た目で判断しますからね。首に一眼レフカメラを掛けておけばまず声をかけられなくなりますよ。服装は登山服を来ておけば安心ですね。間違っても背広に革靴、普段着で来ちゃいけない。一発で捕まりますよ。

バスの停留所周辺はやはり声かけ隊の人たちがたくさんいますね。バスの運転手から、『声かけ隊』にアイコンタクトされることもありますから、なるべくなら自家用車かバイクで来たほうが安全です」

とのこと。

樹海に遊びに行って、監視員に問い詰められて嫌な気持ちになりたくない人は参考にして欲しい。

(※)監獄を模した施設で被験者を「看守」と「囚人」の二グループに分け、その行動を観察した心理実験。

二

「樹海ナイト」の客

僕はここ数年、年間四〇～五〇本ほどトークライブに出演している。人のトークライブにゲストで出演することもあるし、僕自身が企画を立てることも多い。

僕が企画を立てたイベントの中で最も人気が高いのが「樹海ナイト」だ。大阪で始めたイベントだったが、好評だったため東京でも開催するようになった。二〇一八年の今現在で、開催回数は六回を数えるに至り、自分で言うのもナンだが、毎回満席になる人気ぶりだ。ゲストには本稿にもたびたび登場する樹海の死体マニアのKさんや、『樹海の歩き方』（イースト・プレス刊）の作者である栗原亨《くりはらとおる》さんをお呼びしたこともある。

トークライブイベントは、テーマによって客層がガラリと変わる。男性が多い、オタクが多い、思想・活動系の人が多い、などさまざまだが、この「樹海ナイト」の場合はなぜか女性が多い。しかも綺麗《きれい》な女性が多いと思う。想定外だったので、開催当初は驚いた。

「樹海ナイト」では、この本書の内容と同じく、樹海内の面白い施設だったり、名所名蹟だったりも取り上げるが、どうしてもメインになるのは〝自殺者〟についての話題だ。客席の来場者からも〝死〟についての好奇心があふれている。

特に女性は死について興味が深いようだ。イベントが終わった後に、質問に来る人も多くは女性だ。以前、某大学で「取材」をテーマにした講義をしたことがあった。その時も授業後に話を聞きに来たのは、女性だけだった。

逆に男性は死に対して、過敏な反応を示す人が多い。僕が思うよりも聞き手がショックを受ける場合もある。イベントの途中で帰ってしまうくらいなら良いが(それは単につまらなくて帰った人かもしれない)、倒れてしまった人もいるし、トイレで嘔吐《おうと》する人もいた。死に対して強いアレルギーがあるかのようだった。

「樹海ナイト」に来たアメリカの映画監督にインタビューを受けたこともあった。その際、話を聞くと、アメリカは死に対してセンシティブなので僕がやっているイベントはアメリカでは開催できない確率が高いよ、と言われてしまった。まあ、アメリカでやる気もなかったので良いのだが。

僕は樹海だけではなく、事故物件や特殊清掃、孤独死をテーマにルポを書いたり、イベントを開催したりすることがある。どれも〝死〟が強く関わっている。ホームレスやゴミ屋敷などのテーマにも死はまとわりついている。

二

そういった死に関する話題は嫌われる場合も多い。

現在の日本では、遺体や事件・事故現場、当事者などのリアルに死を想起させる情報は、徹底的に隠される方向にある。日常生活の中では、棺桶《かんおけ》に入れるために綺麗に取り繕った人間の死体や、食肉用に切りそろえられた動物の死体しか、まず見ずにすむ。まるでこの世の中には〝リアルな死〟など存在しないと思いこんで生きていけるように作られているようだ。

しかし、実際には、人は必ず死ぬ。

死は遠い国のおとぎ話ではない。

「樹海ナイト」など、死をテーマにしたイベントに人が集まるのは、徹底的に隠蔽《いんぺい》された結果、脳が〝死の情報〟に飢《う》えているからではないか？　と思うことがある。死に対して、無知すぎることに脳がイライラしているのだ。

死を知ることで知る生もあるんじゃないかなと、イベントの後に必死に話を聞きにくるお客さんを見ていると思うのであった。

三

樹海の暗部

都市伝説としての「樹海」

観光地としての青木ヶ原樹海が「陽」ならば、この名称が持つ二つ目の意味は「陰」にあたる。この「陰」の「樹海」は、今もさまざまな都市伝説を生み出し続け、もはやそちらだけが真実の姿かのように語られ、実情を目隠ししているようにも思われる。

では、その都市伝説にはどのようなものがあるのか。また、真偽のほどは。

二〇年にわたり樹海を歩きまわるうちに解明されてきた、都市伝説「樹海」の真相に迫る。

三

都市伝説あれこれ

ご存じの方も多いと思うが、樹海にまつわる「都市伝説」にはさまざまなものがある。たいていはホラーチックで、人が忌諱《きい》するような伝説だ。一つ一つ本当かどうか確かめてみよう。

その1　樹海内ではコンパス（方位磁針）が効かない

青木ヶ原樹海の都市伝説の中で最も有名なのがこの伝説だろう。

樹海に散策に入っている時にコンパスを見ると、針がクルクルと回って向かう方向が分からなくなり迷う……というものだ。樹海の内部は溶岩の影響が強く磁場が狂っている、というのが理由とされている。

たしかに、溶岩には磁気を帯びた磁性鉱物が含まれる。場所によって磁気の強さは違うが、噴火の際、富士山からは磁性の強い溶岩が噴出された。そのため樹海内の地磁気は複雑であるというのは事実である。

ただし、実際コンパスが狂うということはない。直に溶岩にコンパスを当てれば多少は狂うのかもしれないが、コンパスを使う時は基本的には胸の高さ以上の位置で盤面を見ることになるので、溶岩の磁力の影響は受けない。

「それでも少しは影響を受けるんだろ?」

と警戒して、電池式のコンパスやGPSだけ持っていった方がいいと考える方もいるかもしれない。しかし、これは却って危ない。電池式の物は落としたり水没したりすれば壊れるし、電池が切れて使えなくなったりすることがある。最後の最後に役に立ったのは普通のアナログのコンパスだった、ということも実際にある。樹海探索の常連者は、軍隊式など丈夫なコンパスを複数持ち歩いている人が多いのだ。

この方位磁石の都市伝説からの派生で、

「樹海は一度足を踏み入れると二度と出られない。出られないまま樹海の中で死ぬ」

という伝説もある。耳にしたことのある方も多いのではないだろうか。

これも結論から言うとウソである。

僕自身、太陽の方向だけを頼りに樹海を出た経験がある。たしかに樹海の中では死体がたくさん見つかるが、彼らは自殺をするために自らの意思で樹海に入って死んだ人たちであって、迷った挙げ句に出られなくなって死んだわけではない。

ただ、樹海で見つかった死体の中には、「しっかりとした登山用の装備を身につけているのに、穴の中から出られなくなって死んだ人」もあったという。

樹海は溶岩なので穴がたくさん空いているし、小さな崖も無数にある。滑落して死ぬようなことはまずないが、脚をポキッと折ってしまうことはある。そうすると、一人で樹海を脱出することは、非常に困難になる。

三

その2　樹海には、自殺しようとして死ねなかった人たちが作った村がある

「樹海の中で古代のような生活をしている村がある」という説である。この村が本当にあるならライターとしては是非訪れてみたいが、残念ながら、ない。

大勢が住んでいるような村ならば、ある程度の面積があるはずなので、航空写真を見れば森のなかにポコッと隙間があるのが分かるはずだが見当たらない。

富士五湖の一つ、精進湖《しょうじこ》の近くには「精進湖民宿村」という集落がある。一〇以上の民宿

が集まってできている村だ。確かに青木ヶ原に食いこむ形で村が形成されているが、人知れず存在しているわけではない。地図にもきちんと表示される。

「富士パノラマライン」（国道139号）沿いにあり、もちろん整備されたアスファルトの道路が敷かれている。敷地内には、今は廃校になっているが、小学校もあった。

また樹海の中に「乾徳《けんとく》道場」という宗教施設が建っているのは事実だが、一軒家サイズの建物が建っているだけで、おおよそ「村」とは呼べない規模である。

その3　樹海には人を襲って食らう野犬の群れが生息している

僕は見たことがないが、絶対にないとは言いづらい。

しかし、青木ヶ原は溶岩層で栄養の少ない森だ。見かける動物といえば、ネズミ、リス、ウサギくらいだ。それもめったに見ない。鹿は時々見つけるが、犬が定期的に小動物を捕食するのはなかなか難しいだろう。

「自殺者の死体を食べているのではないか？」と言う人もいるが、自殺者も、犬の群れが日常の食糧にできるほど多いわけではない。以上のことから、おそらく犬はいないと思う。

同様のネタで「熊がいる」という都市伝説もある。こちらもガセネタである……と片付けたいところだが、確信は持てない。

樹海で見つけた死体の中には、上半身が動物に食べられているものもあった。頭蓋骨はどこかに消えており、さらに死体の近くには大きな糞が落ちていた。

たぬきなどの動物の可能性も高いし、頭蓋骨は丸いので風で転がっていったのかもしれない。現に、頭蓋骨だけが胴体から離れた場所で見つかることはよくある。

たぶん熊はいないんだろうな、とは思いつつ、

「ひょっとしているかもしれない……」

と打ち消せない気持ちもある。

念のため、熊除けの鈴やラジオなどの音が鳴る物を携帯しておくのは賢い選択かもしれない。

三

樹海の暗部
——都市伝説
としての
「樹海」

その4 樹海には殺人鬼がいて、侵入者を殺す

樹海の中で自殺者が来るのを待ち構えている人がいる、という都市伝説だ。

樹海を舞台にしたホラー漫画などにちょくちょくある設定だ。殺人者の方は、

「死にたかったんだろ？　俺が殺してやるよ！」

という台詞《セリフ》とともに襲いかかってくるのがお約束である。

そんな殺人マニアはおそらくいないだろう。

ただしこちらも絶対にいないと言いきれない。樹海の自殺死体の中には、死後に傷つけられたり、火をつけられたりした形跡があるものも存在する、という話を耳にしたことがある。死体を傷つけることで興奮する癖を持つ人たちは、実際にいるらしい。そういった人たちが、生きた人間を見た時はどうするのか？　急に人道的な精神に目覚めて救助活動をしてくれるだろうか？

そんなことはないだろうな……と思うので、僕は樹海に行くときには複数人で向かうことにしているのだ。

樹海の暗部
——都市伝説
としての
「樹海」

三

熊出没注意

樹海に熊がいるかどうかは意見が分かれるところだ。

本州にいる熊といえばツキノワグマで、山梨県ももちろんその生息域にあたる。富士山の麓にある遊園地「富士急ハイランド」には、

『ＦＵＪＩ－Ｑはクマの生息地です。クマはどこにでもいます。見つけても絶対にプロレスをしない。タックルをしない』

という、冗談のような看板が立てられている。

園内に遊び心のある看板がたくさん立てられている富士急ハイランドだからちょっと紛らわしいが、この看板は〝マジ〟である。現に、富士急ハイランド内に熊が現れて警察官が

四〇人も出動する騒ぎになったことが、実際にあるのだ。

樹海は、「ここからここまでが樹海です」と分かるように柵《さく》などで囲まれている場所ではないので、その意味では、熊が樹海に来ようと思えば来ることができる。ではなぜ樹海に来ないのかといえば、樹海には、熊にとっては食糧になる物があまりないからだ。

樹海は富士山が噴火した際に流れ出た溶岩の上にできた森だ。果実はほとんどないし、雑草もほとんど生えない。ハチなどの昆虫も少ない。それを餌《えさ》にする脊椎《せきつい》動物も少ない。つまり、肉食動物にとってはあまり豊かな森ではない。もちろん樹海を歩いていると、ウサギやネズミなどの小動物はちょくちょく見かけるし、山梨県だけあって鹿が走っているのを見たこともある。ただ樹海の周りの森の方が食べるものはたくさんあるのに、わざわざ栄養の乏しい樹海の中に入ってくることはないだろう、と推測される。

もちろんこれはただの希望的観測で、樹海散策を趣味にしている知り合いは、樹海の付近で猟師に出会い、

「こないだは熊がいたから、あっちには登らない方がいいよ」

と、実際に忠告されたことがあるという。

樹海を訪れはじめた最初の頃は、とにかく熊に怯《おび》えていた。熊除《よ》けの鈴を鳴らしたり、大きい声で歌ったりしゃべったりしながら歩いた。熊は物音に敏感なので、うるさくしていれ

三

樹海の暗部
――都市伝説としての「樹海」

テントの残骸のそばに吊られていた熊除けの鈴

ば寄ってこないと言われているからだ。さらに市販の熊除けスプレーも常備して、いつも警戒していた。

ただ、人間には「慣れ」という悪癖があり、何年も熊と遭遇しないでいると、どんどん手を抜くようになってくる。僕もいつの間にか、うるさいから鈴は外し、一人で樹海に入ったりするようになっていった。今思えば、たとえ一度も熊とバッティングしたことがないからといって、それはただ、運が良かっただけなのかもしれないのに。

「樹海マニア」の人たちと樹海を散策した時、樹海の中に置き去りになったことがあった。その時は油断しまくっていたので、スマートフォンしかギアがなかった。コンパスが狂ってしまい、仕方なく太陽の方向を基準に歩を進め、ようやく樹海を脱出した。

なんとか遊歩道に出て息をついていると、すでに樹海を出ていた樹海マニアたちと合流できた。僕としてはかなりホッとしたのだが、迷って死ぬ思いをしていたというのは知られたら恥ずかしいので、ごまかした。駆け足に近いような速度で樹海を進んだので、汗がしとどに出て止まらなかった。

「村田さんどうしました？　体調悪いですか？」

と気遣われる。一方、樹海マニアの人も何やら焦っているようだった。

大丈夫ですよと制したあとに、むしろそちらは何を焦っているのかと尋ねた。

「Kさんから『死体を見つけた』って連絡が入ったんですよ。もう一六時を回ってるから、すぐに暗くなっちゃいます。急いで行きましょう」

こちとら先ほどまで迷子で死にかけていたのだが、死体が見つかったとなれば話は別だ。行かねばなるまい。

体にはかなり疲労が溜まっていたが、死体があるという場所へGPSを使って歩いていく。

しばらくして、Kさんと合流した。

その死体は、樹の根元に敷いたビニールシートの上に横たわっていた。下半身にはジーンズを履《は》いていた。ジーンズの中はほとんど骨になっているのだが、横向きに寝転がっている様子が妙になまなましくリアルだった。

そして上半身は、骨がバラバラに散乱していた。足元から見ていくと、ズボンとの境目の腰だった部分には腹の皮が残っていて下半身から背骨がつながって飛び出している。その背骨も上半身に向かうにともないバラバラになり、同じくバラバラになったあばら骨と混ざっている。

内臓はまったく残っていなかった。そして頭蓋骨もなかった。随分探したのだが、結局見つからなかった。頭蓋骨は丸いため、骨になった後はコロコロと転がっていきやすい。首吊りのご遺体の場合は、現場からずいぶん離れた場所に落ちていることも多い。

この死体が寝ていた場所の樹には首吊りのロープが掛けられていたが、ずいぶん古い。亡くなっている様子を見ても、首吊り自殺ではないようだ。どうやら、以前、別の首吊り自殺があった場所を選んで亡くなったようだ。

死体は状態が悪い。持っている荷物から性別は男性、入れ歯が落ちていたことからおそらくお年寄り、という推測しか立てられなかった。

荷物には着替えや食料もあったので、少しの間はここで生活していたようだ。しばらく眺めているとKさんが不穏なことを言った。

「これは食べられてるなあ。熊かもしれないな」

ギョッとしてKさんを見ると、彼は死体から少し離れた場所に立っていた。

「ここに糞《ふん》があるんだよね。……すごい大きいからイタチやネズミの糞とは思えない」

見てみると、たしかにその糞は小動物のモノには見えなかった。糞は、ガッと手で擦ったように地面に撫でつけられていた。

脳裏に、ツキノワグマが死体の腸《はらわた》をバリバリと漁《あさ》ったあとに、脱糞してその糞を前足でズッと撫で付けた様子が浮かんだ。

急に恐怖感に襲われる。死体よりも、死体を食うモノの方が恐い。

「人間の味を覚えて樹海をさまよっている熊がいるとしたら、恐いねえ」

さらに、Kさんはニヤリと笑いながら言った。

三

時刻は一七時を回り、本当に前が見えなくなってきた。ここからは一気に暗闇が訪れる。僕らは、這《ほ》う這うの体《てい》で樹海から脱出した。

この日以来、僕は気持ちを改めて、しっかりとした装備を身に着けて樹海に挑むようにしている。

樹海にまつわる最も有名な風説は「樹海が自殺スポットである」というものだ。最も広く知られ、最も暗い印象を「樹海」という名に付与し続けている。しかし、これは伝説ではなく、残念ながら事実である。

「樹海に入れば必ず遺体を見つける」という話は嘘で、そんなに頻繁に遭遇するものではないと言い切れるが、長年ここに通えば少なからず見つけてしまう経験もする。その経験を通し、遺体を発見してしまった時の適切な対処法、意外に知られていない警察の対応、遺体発見をモチベーションに樹海へ入るマニアな人々の体験談をまとめる。

下手に真似はしないことをオススメする。

遺体を見つけてしまったら……

三

樹海の暗部

——都市伝説としての「樹海」

初めて樹海に足を運んでから一〇年以上の年月が経った頃。その時点で、何度も樹海を訪れているにも関わらず、死体を発見したことは一度もなかった。

実は「死体を探す」というのを明確なフラグにして樹海に向かったことはなかった。理由は倫理的なものではない。

当時は出版社の依頼を受けてから取材に行っていたので、「死体を見つける!」という企画を通してしまうと、見つからなかった時には企画自体がボツになってしまう。「死体探しのスペシャリスト」と名乗っている人は当時すでにいたので、そういう仕事はそちらに流れた。

ちなみに、しばらくして僕は、編集部の意向は関係なく自分で勝手に取材に行って、捕まえてきたネタを後から出版社に売る、という形に仕事のスタイルを変更していた。なので、今も樹海には気が向いた時に行っている。

ある日、知り合いになったイラストレーターの女性と話していると、キノコが好きだという。イラストのモチーフとしてキノコは愛されている。

「青木ヶ原樹海ってキノコがたくさん生えてるらしいですね？　行ってみたいんですけど怖いんですよね……」

樹海にはたしかにキノコがたくさん生えている。テレビゲーム「スーパーマリオブラザーズ」に出てきそうないかにもなキノコもあるし、サルノコシカケタイプの石づきが見えないキノコも、ジャムパンをひっくり返したような毒々しい見かけのキノコもある。

彼女は死体を発見するのを怖がっていたが、

「何度も樹海に行っていて一度も発見したことはないんだから、たぶん大丈夫ですよ」

と伝え、僕が案内人となり樹海をめぐることになった。

当日のルートは、富岳風穴《ふがくふうけつ》から鳴沢氷穴《なるさわひょうけつ》へとつながっている遊歩道を歩いていき、適当な場所で南下していくことにした。

ここは青木ヶ原樹海の中でも最も人が来る場所だ。わざわざ自分でロープを張らなくても、誰かが張ったものが残っている。今回は目的地があるわけではなかったので、誰かが張った

三

樹海の暗部 ―― 都市伝説としての「樹海」

ロープをたどって奥へ進んでいくことにした。ロープからロープへと乗り換える時だけ、目印をつけておいた。

イラストレーターの女性は、そこいらに生えているキノコをいちいち写真に撮る。キノコ以外にも、苔《こけ》やシダなどにも興味を示していた。自然が好きな人には、青木ヶ原樹海はたまらない宝箱のような森だ。

僕も実は虫の写真を撮るのが趣味なので、パチパチと写真を撮りながら進んだ。チョウやカブトムシのような、姿が派手な昆虫は少ないが、クモやダンゴムシのような地味な色味の虫はたくさんいる。

しばらく歩いたところで休憩をすることにした。ビニールシートを敷いて荷物を置く。水分補給をしたあと、カメラを片手にしばらく付近を散策すると、古いテントの跡があった。テントの周りには傘なども散らばっていた。

樹海の中に残されている物として、テントの残骸はよく見かける。自殺者の残していったモノである場合もあるし、ただのずさんなキャンパーが放棄していったモノの場合もある。目の前の残骸が、そのどちらなのかは判別がつかなかった。女性が不安そうな顔をしているので、大丈夫ですよとなぐさめた。

気まずい雰囲気になったので、なんとなく森の写真を撮る。よく考えれば、取材以外の目的で樹海に来たのは初めてなのだ。改めて見ると、綺麗《きれい》な森である。

ただ、撮っている最中、何か違和感を感じた。なんだか分からないけど、脳に引っかかりを感じたのだ。

じっと森を見つめる。

すると、緑の中に〝水色〟があるのを発見した。目を凝らせば水色の服を着た人が立っているように見える。しかしまったく動かない。

「ひょっとしたら……見つけちゃったかもしれません」

僕の声に、女性イラストレーターは「え……？」と目を丸くした。僕は、ちょっと見てきますと言い置いて歩き出した。

〝水色〟が見えたのは少し高い場所だったので、見失うことなくまっすぐ進むことができた。近づくにつれてディティールがはっきりしてくる。

青い作業着を着こんだ、白髪交じりの初老の男性だった。上着の中に着こんだシャツもブルーで、ズボンはきなり色だ。

首に食いこむロープだけが、赤色の、丈夫なポリエステル素材だった。

男性は、多少顔色が悪いくらいで、生きているのとほとんど変わらなかった。口からはツッとよだれが垂れている。終電の電車で眠る酔っぱらいを思わせる姿だ。

その時は気づかなかったのだが、胸にはハガキが一枚入っていた。ひょっとしたら、遺書だったのかもしれない。

三

樹海の暗部
——都市伝説としての「樹海」

ロープは木のかなり高い位置に掛けられていた。首を吊った後に、体重で下に降りて足が地面に着いたもののようだ。臭《にお》いはしないし、ハエもいなかった。

近くにはコカコーラのロゴが入った敷布が敷かれ、その上には彼の荷物が残っていた。まだ夜露もついていないから、つい先程、自殺したことが分かる。

他には、小さめのナップサックと、ウエストポーチ。ナップサックの下には新聞が挟まっていた。そしてコンビニの袋が三つ置かれている。弁当箱などの食べ物の空き箱、スタミナドリンクの瓶が数本、パーラメントという銘柄のタバコの空き箱が置かれていた。「今から命を絶つ」という決意を固めようと、テンションを上げるためにスタミナドリンクを飲んだのだろうか。

荷物は綺麗にまとめられていた。生前はとても真面目な人だったのではないかな？　と想像させる状態だった。

女性イラストレーターが待っている場所に戻ると、彼女は青ざめていた。恨めしげな目でこちらを見る。

見つけようとはまったく思っていない時に限って見つかるもんだな、と思った。

現場をマーキングしたあとに、もといた遊歩道に戻る。途中で携帯電話の電波が入るようになったので、１１０番をかけた。

警察に、樹海の中で死体を発見した旨を伝えると、「今から向かいます」と丁寧な口調で言われた。富岳風穴の駐車場でしばらく待つことにしたが、会話はない。

気まずさに耐えかねていたころに、パトカーが到着した。警察官は四人組だった。四〇代くらいが一人と、残りは二〇代の若い警察官だった。これから行う力仕事のために連れてこられたのだろう。

しばらく事情聴取を受ける。

「なんで樹海に来たの？」

「キノコの写真を撮ろうと思って、連れてきてもらったんです」

と女性は正直に答えた。

「ええ〜！　キノコの写真を撮るために樹海に来るってすごいねえ」

警官は笑った。

全員で、例の発見現場を目指してザクザクと歩いていく。死体のそばまで歩いてきて方向を指示をすると、

「ここまでで結構ですので、帰って下さい」

と言われた。

死体を運び出すところを見たい、と言うわけにはいかず、僕たちは素直に帰ることにした。

遺体を見つけてしまったら 2
——警察の塩対応

初めて樹海でご遺体を見つけてしまったあと、サブカル系の雑誌の女性編集者に電話をかけた。

「樹海で死体見つけたんですけど、記事になりませんかね？」

さすがに僕でも不謹慎だとは思いつつも、なんでもネタにしてしまうのはライターの習性みたいなものなので許して欲しい。

「記事にしてもいいんですけど、その他の写真もちょっと追加したいですね。自動車出しますんで、もう一度樹海に行きませんか？」

と意外な答えが返ってきた。樹海から帰ってきて間もないが、交通費を出してもらえるならもちろん行きたい。

編集さんの運転で樹海に向かうことになった。

「途中で、花と線香を買って行きましょう。ご遺体があった場所にお供えしましょう」

と車中で言われた。そういったところは女性らしい気遣いだと思う。

樹海に到着すると編集さんは、死体のあった場所まで行きたがったが、たどりつけるかわからないし、僕自身が通報したうえ警察官を現場まで連れて行っているのだから、着いたとてすでに死体はないわけで意味がない。そう説得して、近場で弔《とむら》うことにした。

ひと通り冥福を祈った後は、樹海の周辺で落ちている物を撮影することにした。

しばらく歩いていると、テントの跡と樹に結わえられた鈴を見つけた。テントの持ち主は熊などが来たら分かるようにしたかったのかもしれない。古びた背広やマットレスなども見つけた。どれもいわくつきだと思いつつ眺めてみると、それらしく見えてくるから不思議である。

「もしもう一体、死体を見つけられたら、増ページで特集できますよ！」

などと、編集さんはおちょけた感じで言った。

まあ、確率的にいっても二回連続で見つける可能性は低いだろう。そう言っているうちに午後になって薄暗くなってきている。

「最後に少しだけ潜りましょうか？　ここに太いロープがあるから」

三

僕はそう言うと、ゴム製の黒い太いロープを指さした。地面を這って樹海の中に入っていっている。誰かが迷わないために使ったのかもしれないが、こんな太いロープを使うのは珍しい。

編集さんとしばらく進んでいく。二〇〇メートルほど進んだだろうか、小さな崖を見下ろした所に、首が見えた。

「わ、本当にまた見つけちゃいました」

振り返って編集さんに告げると、あれだけ乗り気だった彼女が、真っ青な顔になって一目散に走って逃げていった。

「走ると危ないですよ！　あんまり遠くに行かないでください！　帰り道分からなくなりますから!!」

編集さんの後ろ姿に呼びかけた。十分に距離をとった所で、編集さんは止まって叫んだ。

「写真撮ってきて下さい!!　誌面で使いますから!!」

ここらへんはプロの根性である。

樹には荷物を縛るような平らな水色のロープが掛けられていた。

そして後頭部の形が変わるほどガッチリと食いこんでいた。

服装はグレーの背広だった。背広の中にはカッターシャツを着ているが、ネクタイはなかった。今回の死体もまだ新しい。前回の死体は、亡くなって本当に間もなくだったが、それよりは時間が経っていたようだ。

顔色はどす黒く、少し腐敗臭がした。

目からは白い液体が流れている。まるで涙を流しているように見えたが、よく見るとツブツブが見えた。どうやらハエの卵のようだ。先程からブンブンと大きなギンバエが顔にたかっている。よく見ると、目の中や鼻の中にグイグイと入っていっている。まぶたの中でハエが動き回っているのが見えた。

耳には入っていかない。聞いた話によれば、耳垢《みみあか》には防虫効果があるそうだ。また殺菌効果もあるので、炎症が起きにくい。ただ死んでしまったら虫にたかられなくても意味はないが。

「写真撮れましたか?! 怖いんですけど!!」

編集さんの声がした。少し前まで、もう一体見つかるといいですね、とか言っていたのにビビリまくっている。僕は「まだですよ〜」と言った後、レンズをマクロにかえて写真を撮った。

自分では落ち着いて撮ったつもりだったが、家に帰って画像を確認すると三分の一ほどはブレていた。手が震えていたらしい。

再び警察を呼ぶことにした。

僕が通報すると、「ちょっと前にも呼んでるじゃないか？　おかしくないか？」などと言

三

樹海の暗部
――都市伝説としての「樹海」

樹海に出動した警察車両

われるかもしれないと思い、厄介を避けるために編集さんに呼んでもらった。

死体を見つけたのは午後だったが、パトカーが来た時にはすでに三時を回っていた。樹海探索としては、そろそろ撤収したい時間である。

ただ、今回は遊歩道から発見現場までの距離が近いので、暗くなって帰ってこられなくなることはないだろう。

駆けつけた警察官は、今回は二人だった。二人とも二〇代だと思われた。二人ともいかにも

「うんざりだ」

という顔をしている。軽のパトカーから、カメラやメモボードなどを取り出す。前回同様、しばらく事情聴取をされる。編集さんは結局、正直に話してしまったため、僕

が中心に答えることになった。危惧していたように怪しまれることは特になく、僕の言い分を信じてくれた。

事情聴取が終わった後、樹海の中へと歩いていく。警察官にたびたび「死体を見つけた」という通報はあるのですか？　と聞くと、

「いやあ、しょっちゅうですよ。なんで樹海で死にたくなるんでしょうねぇ」

と迷惑そうに語っていた。

すぐに死体の所にたどり着いた。

「お！　新しいね。良かった」

「うん、全然、キレイだわ。これなら大丈夫だね」

と会話をしている。やはり腐ってしまった死体は、持ち運びが大変らしい。

「確認しましたから、帰りましょう」

と警察官に言われた。驚くほどきっぱりしている。

「え？　死体置いていくんですか？」

「もう夕方ですからね。これから作業をすると日没になって危険ですから。明日朝から作業します」

もし樹海の中で怪我人が出た場合は、警察官はどれだけ危険度が高かったとしても救助に来てくれるだろう。場合によっては、レスキューや自衛隊も出動してくれるかもしれない。

ただし、死体の場合は、それはない。

死体はどこまでいっても死体である。もう生き返ることはない。法律的には人間ではあるのだけど、やはりもうそれは人間としては扱われない。そう思うとなんだか少し寂しい気持ちになった。

そうして警察官とは富岳風穴で別れた。

「ご協力ありがとうございました」

別れ際に、丁寧に挨拶をされた。

死体を発見したと通報すると、警察に冷淡な対応をされると聞いたことがあったが、そんなことはなかった。生きている人間には優しいのか、ひょっとしたら、同行者に女性がいたからかもしれない。

三

翌日、警察から電話がかかってきた。

「先日通報していただいた死体なんですけど、なんの荷物も持っていなかったんですよ」

「え？　あ、僕は何も盗んでませんけど……」

と思わず弁明してしまう。

「いや、そうは思ってないです。ただ、カバンも財布もないということは、どうやってここまで来たんだろうって話になりまして。もちろん途中で捨てたのかもしれません。身分をバラしたくないっていう人も多いので……」

警察官は、いったん言葉を区切った。

「ただ、ひょっとしたら誰かに殺害されたという可能性もあります。もしその線が浮上しましたら、改めて連絡させていただきます」

そう言うと、電話は切れた。

結局その後、警察からは電話はなかったが、なんとも後味の悪い結果になった。

骨

三

樹海の暗部
──都市伝説
としての
「樹海」

骨になるまで

動物は死ぬとすぐに腐る。

身体を守るために必死に作動していた免疫システムが、死後一気に崩壊するのだから当たり前だ。外部から取りついた菌も、そもそも体内にいた菌も、ドンドン増加して身体を溶かしていく。密閉された空間ならそのまま菌による分解が進むのを待つしかないが、開放された外部ならばすぐに大小のハエが集まってきて卵を産みつける。ウジ虫は集団で死肉を溶かして食べ成長してハエになり、また卵を産む。新しい死体に取りつく時はまだ皮膚が腐っていないから、なかなか卵を産みつけづらい。そのため、彼らは目や鼻、口から身体の内部に入って卵を産みつけていく。

樹海で発見した死体を見ていたら、まぶたの下がギョロギョロと動いたので、一瞬生きているのか?!　と驚いたが、大きなギンバエが目から飛び出てきたことがある。産みつけられた卵の一部は重力に逆らわず下に垂れていく。目や鼻からハエの卵がつつーっと流れる。少し離れてみると、まるで泣いているように見えた。

樹海で首を吊った死体にウジが湧いているのを見た時のこと。それはなかなかすさまじい体験だった。何千匹ものウジ虫が、まるで一つの生き物のように蠕動《ぜんどう》する。ウジ虫はアリの恰好《かっこう》の餌《えさ》になるらしい。アリたちはせっせと死体の上を歩いていってウジ虫を巣へと運んでいく。

また、腐臭はハエだけでなく樹海の動物も呼び寄せる。ネズミやイタチなどがその身を齧《かじ》りとっていく。そうして、あっと言う間に肉体は分解される。夏場なら一ヶ月も経たないうちに骨になってしまうだろう。冬場だと分解はずいぶんゆっくりになるが、それでもいずれは春を迎え、結果的に夏には骨になる。

石器時代の人類の骨や、マンモスの骨が見つかることからわかるとおり、いったん骨になってしまえばなかなか分解されなくなる。

ただし発見された骨は、理科室の模型のようには人型を保たない。たいがいの人は服を着たまま死ぬので、身体の骨は服に覆われている場合が多い。首吊り自殺の場合は、ロープの下に肉体がなくなった後の服がどちゃっと落ちている。肉は食べられたり雨に流されたりして微塵も残っていない。

木の下に溜まった服の中には身体の骨が一通り入っている。ただし、頭は服に覆われていない。死後は腐り、脳やら何やらが溶けて空っぽになると軽いボール状になる。風に吹かれてコロコロと転がり、どこかにいなくなってしまって見つからないこともよくある。手の平や、足の甲の骨も非常に細かい骨の集まりなので、白骨化が進むと散逸しやすい。

骸骨

樹海の中で骸骨はよく見つかる。

死体は苦手でも、骸骨になってしまうと平気だと言う人が多い。まず死体ならではの腐敗による不潔さや臭《にお》いがない。肉が失われると、表情も個性もほとんどなくなるので、見つけた時に変に感情移入をすることもなくなる。僕の場合、本業のイラストなど日常生活でスカルのデザインを見慣れているのもあるかもしれない。

骸骨は表情も個性も少ないと書いたが、それでも一つ一つに違いはある。

まず、最も分かりやすいのが「歯」だ。頭蓋骨は博物館などでもよく展示されるが、基本的にはかなり古い時代の人のものだ。新しくても江戸後期で一五〇～二〇〇年ほど前、多くはさらに古い縄文時代、弥生時代のものだ。古い時代の骨は、当然ながら歯の治療痕がない。

樹海で見つかる頭蓋骨の多くには、歯に治療痕がある。奥歯が銀歯になっていたり、前歯が差し歯になっていたりする。頭蓋骨は普段見慣れないが、そういう治療された歯はよく見る。その痕跡を見ていると、急に頭蓋骨が人間だと感じる。

頭蓋骨自体には表情がないが、それでも表情のようなものを感じたこともあった。樹海の中で服毒自殺している遺体を見つけた時のこと。除草剤を飲んで亡くなっていた。除草剤は毒の中でもかなり苦しんで死に至ると言われている。

よっぽど苦しかったのだろう、グワァーっと大きく顎が開いていた。ほぼ骨になっているのに、痛みや苦しみがひしひしと伝わって来た。

個性とはちょっと違うが、物語を感じる頭蓋骨もある。

樹海の中に骨と遺留品が落ちていた。頭蓋骨もあったのだが、そこから数メートル離れた場所にも、もう一つ頭蓋骨が転がっていたのだ。たまたまにしては近すぎる距離である。遺留品はあったのだが、骨から少し離れた場所に落ちていて、どちらの持ち物か分からなかった。ひょっとしたら心中した二人の骨だったのかもしれない。


一度の探索で、連続して骨が見つかることもあった。人があまり入らないポイントを歩いていると、死体が発見される前に白骨化してしまうのだ。そういう場所は当たり前だが、新しい死体は見つかりにくい。

崖の上にロープが張ってあり、下を覗《のぞ》いてみると半分埋もれた頭蓋骨が見えた。樹の根元に埋まっている頭蓋骨は木の根っこに侵食されていく。眼窩《がんか》や鼻孔に根が入りこみ絡みつか

三

れて一体化する。人が自然に還っていく様子を目の当たりにした。

　そのすぐ先に進んだ所には、倒れた樹が窪地に橋のように架かり、さらにロープが掛けられていた。ロープの下にはバラバラと骨が散らばっていた。そこからさらに、樹海には珍しい潅木《かんぼく》のしげる場所を歩いていくとテントの残骸があり、手や足の骨が転がっていた。頭蓋骨は転がってなくなっていた。

　立て続けに骨を見つけると、だんだん感覚が麻痺してくる。最初は「おおお！」と驚いていたのに、しまいには「また見つかったのか……」とうんざりした気分になっていく。慣れというのは本当に恐ろしい。

Kさんのコレクション

Kさんのことは怖いと書いたが、結局仲良くなった。やっぱり、行くところまで行っている人は面白いのだ。Kさんの樹海散策は一〇年以上にわたり、数十体の死体を見つけている。グループで見つけたモノもあるし、Kさんが単独で入って見つけたモノもある。

樹海散策に、一人で挑む人は少ない。樹海内でケガでもしてしまったらもう出られなくなるからだ。また多人数で行動すると、目の数が増えるため発見する確率も上がる。

ただ、それでも一人で散策するメリットはあるという。

「参加者を集って人数を集めるのは時間がかかりますからね。だったら自分の都合が良い日に一人で行ってしまった方が良いです」

Kさんはヒマな日には、早朝からドライブして夕方まで樹海を散策するのだ。

そうやって見つけた死体の中から、主だったモノを紹介してもらった。

骨

Kさんは、骸骨の死体があまり好きではない。

「何も見つからないよりは、骨でも見つけた方が嬉しいですけど……。やっぱり肉があって、腐乱している死体の方が好きですね」

とほほえむ。

そんな、あまり興味のない骸骨の死体の中でも、Kさんがこれは……と思ったモノもあった。

風船用のヘリウムのボンベを持ち込んで亡くなった死体だ。

横たわったまま亡くなり、そのまま白骨化した。服はそのままの形で残っており、まるで骸骨のパペットが横たわっているような雰囲気だった。ヘリウムボンベは両手で抱えてやっと持つことができるくらいのサイズだった。こんな大荷物を樹海の中にまで持っていくのは大変である。

「この人は他にもいろいろ自殺の道具を樹海の中に持ちこんでいました。どうしても死にたいと思っていたんでしょうね」

死体を見るとどうしても悲惨な雰囲気になるが、骸骨になってしまうと何故か悲壮感がなくなってしまう。丸っこいボンベと、赤い服を着た骸骨が子供向けの人形劇のセットのように見えた。

新しい死体

亡くなって間もない死体も、Ｋさんにとっては少し物足りないらしい。

「生きている時とあまり変わらないですからね。もうちょっと腐っていてほしいなと思ってしまいますね」

ただ、死体の写真を見た人が一番ショックを受けるのが、死んで間もない死体らしい。生きている状態とさほど変わらないのに、もう二度と動けない……というのがショックらしい。死を間近に感じるのだろう。

悪そうなサングラスにパンチパーマのいかにも柄の悪い雰囲気の首吊り死体があった。口は半開きでよだれが垂れているのだが、そこから覗く歯は数本しか見当たらない。

「首吊りなんて、しなそうな人なんですよね。死んでいる姿勢も自分で死んだにしてはちょっと不自然なんですよ。荷物も全然持っていませんでした」

実際、樹海で自殺を装って人を殺すケースもあるという。ただし自殺に見える場合、警察もほとんどはそれ以上調べることはしないそうだ。このケースでも、発見報告をした警察からの追及はなかった。

樹海で自殺するのは圧倒的に中高年の男性が多い。また、ご遺体の体勢も、足が地面に着いている場合が多い。しかし、その死体は若い女性であり、足が宙に浮いていた。まだ死んで間もないため、若干生気が残っているように見える。まるで超能力で空中に浮いているみたいだった。

ただ近づいて見ると、やはり意志のない死体の顔だ。半開きの目、半開きの口から流れた一筋のよだれ。

「手がぎゅっと閉じられて赤くなっているのが良かったですね。手の写真はＳＮＳのアイコンにしています（笑）」

樹海の死体マニアの中でも最も人気が高いのがビジュアルバンドのような服装で亡くなっていた若者だ。

茶髪のロン毛に、黒いコート。手には指ぬきグローブを着けていた。背も高く、かなりイケメンだったようだ。ただし靴《くつ》だけは普通のスニーカーだった。さすがに普段使いの靴では歩きにくいと思ったのかもしれない。

頭頂部にケガをしており、そこに大量の大きな銀バエがたかっている。目や鼻にもメタリックな昆虫がまとわりついている。そこに産み付けた卵を狙って、アリが何十匹も這い回っている。特に口の部分にはアリが何匹もたかっており、少し離れた場所から見ると口を黒い糸で縫い合わされたように見えた。

「手がロープにかかっていますね。最後にやっぱり苦しくて外そうとしたのかもしれませんね」

彼の近くにはカバンが置かれていた。中には大量の薬が入っていた。また、おそらく仲の良い知人からもらったのであろう、

『○○くん、就職おめでとう!!』

という手紙が入っていて、なんとも切ない気持ちにさせられたという。

腐乱した死体

Kさんが人に誘われ初めて行った樹海で見つけたのが、ぐちゃぐちゃに腐乱した死体だったことはすでに書いた。

その衝撃が忘れられずにKさんはその後何度も樹海に通うことになったのだが、やはり最初の死体以上に激しく腐乱している状態の死体はなかなか見つからなかった。

「腐乱している時期って短いんですよ。首を吊って数日間は原型を保っているのですが、いったん腐り始めると一気に崩壊していきます。夏場なら二ヶ月もすれば骨になってしまいますね」

腐乱死体はレアモノではあるが、それでもKさんは何体か見つけている。

まだ若い大学生らしき風貌の彼は、冬場に樹海に横たわる形で亡くなった。亡くなったま

ま、あまり傷《いた》まないままで一冬を越した。

「全身の傷みはほとんどないのですが、顔面を動物に食べられているのが衝撃でしたね」

眼球は一旦凍りついたため真っ白になっていた。ぽかんと口を開いているが、口のすぐ横のところまで小動物に齧《かじ》られている。ほっぺたには穴が空いて、そこから奥歯を見ることができる。耳や鼻も齧られていた。

まともな部分が多いぶん、逆にエグく見える死体だった。

観測するための死体

Kさんは比較的新しい死体を見つけて、そのまま何ヶ月にもわたって観測を続けたことがあった。

死体はいかにも真面目そうな風貌の中年男性だった。地図やロープの結び方などの本を携えて来ていた。服装も、しっかりとした登山服で身を固めていた。

発見場所は樹海のかなり奥だったが、Kさんは定期的に通った。

死体は、徐々に腐敗が進み、肉が溶け出すように下に落ちていった。最初はしっかりとした厚さのあった身体も徐々に細くなっていく。手足は腐って、手首から先、足首から先は地面に落ちた。

顔も腐敗が進みグズグズに崩れていく。徐々に骸骨に近づいていく。まるで屋外にある死体が朽ちていく様子を九段階に分けて描いた仏教絵画「九相図《くそうず》」そのものだった。

「最後は本当にほぼ骨になったんですが、それでも落ちなかったですね。冬を越した死体は皮が丈夫になるみたいなんです。本当はもうバラバラになってもいいほど腐っていたのに、首の皮だけで首吊りの姿勢をたもっていました。これが本当の『首の皮一枚』つながった状態でしょうか？（笑） そしてすごいのはメガネです。最後までメガネは落ちませんでした」

手や足、鼻や眼球がすでに流れてしまっても最後まで顔から落ちなかったメガネ。これがまさしく、

「メガネは顔の一部です」

というやつだろうか。

Kさんは新たな死体を探して、今日も樹海の中を一人歩いている。

死体写真家の樹海地獄ツアー

三

ある日、業界の大先輩であるカメラマンの釣崎清隆《つりさききよたか》さんから、「樹海を案内してくれないか？」と頼まれた。氏は、死体写真のカメラマンとして知られている。氏が樹海で写真を撮りたいと言うならば、もちろんモチーフは一つだ。二つ返事で了承したが、ただ僕が一人で樹海を案内するのはどうにも不安である。蛇《じゃ》の道は蛇《へび》。樹海の死体マニアのKさんに案内をお願いした。

そして約一ヶ月後、二泊三日で樹海を散策することになった。

一日目

取材当日、僕と釣崎さんと、初日だけ散策に参加することになったお笑い芸人の松原《まつばら》タニシさんは、富士山の南側にあるＪＲ東海道本線・身延《みのべ》線の富士駅で待ち合わせ、自動車で来たKさんに拾ってもらった。ちなみに、この松原タニシさんは芸人の中でも「事故物件住みます芸人」というカテゴリーで、その名の通り心理的瑕疵《かし》物件に住んでは、実際に起こる怪奇現象をレポートしている人物だ。この面子《メンツ》だけでなんとも言えない雰囲気がある。

車で一時間ほど北上して、いつも通り富岳風穴《ふがくふうけつ》の駐車場まで進んだ。すると、Kさんから提案があった。

「とりあえず、今日はあまり人が散策しないルートで進んでみましょうか？」

もちろん異論はない。さっそく四人で進んでいく。

釣崎さんは体躯《たいく》も大きいし、世界の危険地帯を飛び回っているだけあって体力もある。Kさんの後を一切遅れることなくついていく。それに少しだけ距離を置いて松原タニシさんが歩く。その後をだいぶ遅れて僕が歩く。

仕事が忙しく運動不足だし、体重も増えたし、樹海を歩くのがかなりしんどい。

先に紹介した通り、Kさんの樹海探索スタイルは、何を置いても時短重視。目当ての物を発見するまではほぼ休まず進み続けるのだ。

ザッザッザッザッと靴音《くつおと》を立てながら、二時間以上休みなく歩く。体力がザクザクと減っていく。

（これが三日間続くのか……。失敗したかもしれない）

と悔やまれる。そろそろ休みたいと思ったところで、Kさんが声を上げる。

三

「ありました!!」

見ると、首吊り死体がある。ほとんど骨になっているが、顔にはまだ皮膚が張りついている。死後、首から下の重みで体部分だけが地面へと落ちたのだろう。首がニューッと伸びている。

「首の皮がベルトみたいになっていますね。キリンみたいだ……」

Kさんがつぶやく。ひどいたとえである。その傍《かたわ》らで釣崎さんがカメラを取り出して撮影をはじめる。僕はやっと休憩ができたので、水分補給をし、事前にコンビニで買っておいたご飯を食べた。Kさんも、死体を見ながらご飯を食べている。つまりKさんは死体を見つけた時以外は休まないので、当然食事も死体の面前ですることになるのだ。なるほど、死体の前で食事をするのにも合理的な理由があるんだ、と変に納得した。

釣崎さんが写真を撮り終わるのを待って、再び進み始める。

この日は、Kさんの提案通り、あまり人が入らない地帯を通っていたのだが、次々に死体が見つかった。ただしすべて骸骨である。樹に吊るされたロープの下にバラバラと骨が転がっていたり、ほとんど埋まってしまったりというものも多かった。人は亡くなった後、しばらくしたら文字通り土に還るんだなあ、と実感した。

敷布の上で亡くなったらしく、服はあるのだが骨はほとんど散らばってしまっていた死体もあった。頭蓋骨はどこかに転がっていったのか、どうしても見つからなかった。持ち物から推測するに、どうやら女性だったようだ。その人の持ち物なのか、近くでボロボロに傷んだ熊のぬいぐるみと、スヌーピーのぬいぐるみを発見した。熊のぬいぐるみを持ち上げてみると、顔の部分が溶けて、妖怪のっぺらぼうのようになっていた。なんだか、すごく忌《い》まわしい物のように感じて、思わず手を離した。

再び歩いていると、松原タニシさんが、

「ちょっといいですか？」

と言うや否や、フラフラと一人、進路を変えた。彼は樹海散策はそれほどの経験はない。数回訪れてはいるが、今まで死体を発見したこともなかった。

「樹がたわんでたから、首吊りかな？　と思ったんですが……あれ？　何かある」

地面を見るとブラジャーのパッドが転がっていたという。樹海にはさまざまな遺留品があるが少し珍しいものだった。よく見ると服が埋まっている。その中に白い石が混ざっていた。

「これ？　ひょっとして……」

釣崎さんが服のあたりを掘り起こしてみると、頭蓋骨が出てきた。発見した本人のタニシさんは「たまたまですよ」と笑ってごまかしていたが、真後ろから見ていたら、まるで呼ばれて行ったようだった。その頭蓋骨は外に出ていた部分以外は、濃い茶色に染まっていた。もうほとんど土に還ったあとだった。なんとも不思議な気持ちになった一幕だった。

そうして、初日はいくつも骨を見つけた。が、だんだんと、

「また骨かよ……」

と、飽き飽きしたような雰囲気になってくる。釣崎さんも、Kさんも、生々しい死体が好きなのだ。

マイナーなルートをたどっているので、新しい死体にバッティングする可能性は少ない。そのかわり、誰にも発見されていなかった古い骨が見つかるのだ。

夕方になったので散策を終える。総移動距離は一〇キロにのぼっていた。平地を同じ距離歩くのでもそこそこ大変なのに、高低差と障害物ばかりの樹海の中を一〇キロである。褒めて欲しい。

松原タニシさんは仕事があるため、その日のうちに帰っていった。

残った三人で山梨名物のほうとうを食べた後、あらかじめネットで予約しておいた民宿村の宿に向かった。

もうヘトヘトで体中が痛くて死にそうだった。風呂に入り、ビールを一缶飲むと強烈な睡魔が襲ってきた。

「こんな日が、あと二日も続くんだ……」

絶望的な気持ちになりながら眠りに落ちた。

三

樹海の暗部
——都市伝説としての「樹海」

二日目

早朝に起きて宿を出る。樹海の近くにあるファミリーレストラン「ガスト」で朝食をとったあと、昨日と同じく富岳風穴の駐車場に車を停めて散策を始めた。

「今日は、マイナーだけど新規もそこそこ見つかるルートを行きましょう」

自殺者は道路から二～三〇〇メートルほど進んだ場所で発見されることが多いのでGPSで距離を測りながら進んでいく。

僕はまだ昨日の疲れが取れておらず、かなりつらい。足にはいくつもマメができている。しかし、Kさんと釣崎さんの歩みの速度は変わらない。ついていくだけでヒーヒーの状態である。

自殺の跡はすぐに見つかった。持参した脚立が放置され、その上にロープがかかっている。果たして首を吊ったのか、それとも思いとどまって帰ったのかは分からない。

普通ならルポの一本も書けるネタだが、感傷に浸る間もなく、次々と進んでいく。この日は肝心の死体はまったく見つからなかった。もちろん見つからない日のほうが多いのだから、仕方がない。仕方がないと分かっていながらも、僕たちを取り巻く空気はドンドン重たくなっていく。

死体が見つからなければほとんど休憩はない。昨日よりも長い一二キロを歩いたが、結局見つからなかった。

成果がないぶん、疲労も強く感じた。

三日目

最終日も早朝に宿を出て、樹海の入り口に到着していた。

「最後は、散策者がよく足を運ぶメジャーなルートを通りましょう」

とKさんが言った。樹海の死体マニアがよく訪れる地帯を歩く。もちろん、だからといって死体がほいほい見つかるわけではない。すでに誰かに発見されてしまっている場合が多いのだ。

この日もなかなか見つからず、虚《むな》しく時間だけが過ぎていった。

歩き続けて三日。体は疲労の限界だ。絶望的な気持ちになっていると、ふとKさんの足が止まった。

「臭《にお》いますよね？　……臭う」

くんくんと鼻を鳴らして周りを見た。

言われてみれば、確かに少し生臭《なまぐさ》いような臭いがする。ただし、かなり薄い。

「ここらへん一帯を重点的に探しましょう」

三人がバラバラになって、各々があたりを回る。一〇分ほど経った頃、珍しく興奮したKさんの声が響いた。

「ありました！　ここ!!」

Ｋさんが立つ倒木の場所に近づくと、濃く死臭が漂っていた。

「心中ですね……」

と倒木を見下ろす。倒木の下の隙間に、二つのご遺体が倒れていた。まだ白骨化はしていないが、かなり肉は削《けず》れている。腹も動物に食われているようだ。服の中はまだ肉が残っているようで大量のハエがワンワンと飛び回っている。骨が見えている腕にはめられた時計が、いまだ規則正しく動いているのが、なんだか皮肉に感じられた。

服装から判断すると、どうやら男女の死体のようだ。

性別も定かでないほど傷んだ死体なのに、苦しさだけは強く伝わってきた。人間の口はこれほど大きく開くんだとビックリするほど開かれていた。胸の所に手が置かれ、口から外した入れ歯が強く握られていた。

死体の近くには、派手な色彩の缶が落ちていた。

「除草剤ですね。二人で除草剤を飲んで死んだんだ……。苦しいのに……」

除草剤は自殺の中でも苦しいと言われている。死ぬまで意識を失わないので、死後の顔は歪む。首吊り死体の多くは、頸動脈が締まるので、いわゆる〝落ちた〟状態になった後に死ぬ。そのため比較的安らかな顔をしている場合が多いが、服毒自殺の場合は苦しみながら死ぬのでひどい形相になる。ほぼ骨になった手には入れ歯が握られている。お年寄りのようだから、グーグルで自殺の方法について検索などしなかったのだろう。

死の直前の苦しみは、骸骨になってもなお、強く伝わってきた。

釣崎さんは、死体の無念を吸い取るように、被写体にカメラを向けている。プロのカメラマンが写真を撮る姿は、とても力強くかっこよかった。

Kさんは、さけるチーズを齧《かじ》りながら、その様子をジッと眺めていた。

時間はまだ多少残っていたが、疲れもあるため早めに樹海を出て駅へ向かった。最終日も一〇キロ以上歩いていた。

とにかくKさんのおかげで〝死体カメラマン釣崎清隆を樹海に案内する〟というミッションは無事にこなせた。

Kさんはただの変人ではない。土壇場で、臭いから死体を発見するというミラクルを起こすところが常人離れしている。素直に感動した三日間だった。

樹海の中を三〇キロ以上歩くという無理は、後日、如実に体に響き、しばらくは歩くことさえできなかった。

なぜ人は樹海で自殺するのか

雑誌やテレビから青木ヶ原樹海関係の取材を受けると、まず一番に聞かれるのが、

「なぜみんな、樹海で死ぬのでしょう？」

という質問だ。実は、答えにちょっと困る質問なのである。

よく言われる説は、「松本清張の『波の塔』という小説内で青木ヶ原内で自殺するシーンがあるから」というものだ。

この『波の塔』が一九七三年にＮＨＫでドラマ化された際、樹海は自殺する場所だ、という概念がより広く伝播《でんぱ》してしまったと言われている。『波の塔』の週刊誌『女性自身』での連載開始が一九五九年でドラマ化の一四年前。だが、「小説が発表される以前から青木ヶ原樹海は自殺の名所だった」と話す人もいる。たしかに松本清張もどこかで樹海は自殺の名所だと聞いて執筆したのかもしれない。

松本清張が樹海＝自殺というイメージを持っていたか否かは別としても、樹海での自殺にそれほど古い歴史はない。

樹海は東京、神奈川、名古屋などの大都市からはかなり離れた場所にある。自動車が一家に一台ではない時代、ましてやさらに昔の電車がない時代に、青木ヶ原を訪れるのはかなり難儀だっただろう。日本で電車網が発達したのは、少なくとも明治時代以降のことだ。

ちなみに東京から樹海まで、直線距離で一一〇キロくらいある。道路が整備された今なら東京から丸二日かければ歩いていけるが、江戸時代の人が、わざわざ舗装されていない道を徒歩で樹海に行ったとは思えない。そんな元気がある人は、おそらく自ら死んだりはしない。

もちろん地元の人の中にはここで亡くなった方もいるかもしれないが、地元限定の流行現象が名所になるほど広まるとは思えない。やはり、自殺の名所になったのは、自動車文化が盛んになってから、つまり昭和に入ってからのことだろう。

三

樹海の暗部
――都市伝説としての「樹海」

では実際、青木ヶ原は自殺をしやすい森なのか？　というと、全然そんなことはない。

樹海未経験者が樹海に入ると、まず歩くのにも苦労する。こけつまろびつ数時間歩いても、ちっとも奥に進んでいないこともある。

また、樹海で死ぬ人の多くは首吊りをしようとするが、枝ぶりの良い樹があまりなく、実は場所を選ぶのも大変な作業なのだ。樹海は地面が溶岩なので樹木はしっかりと根が張れず、ある程度まで育つと重みで倒れてしまう。下手な樹で首を吊ったら、はずみでゴロンと簡単に倒れてしまう場合も多い。今から死ぬと決意が固まっているんだからケガをしても関係ないだろう、と思うかもしれないが、倒れた樹と地面に挟まれて動けなくなったら、そのまま衰弱して死ぬのを待つしかない。それは、長い時間を要するし、かなり嫌な死に方だ。

また、「樹海で死ぬと見つかりにくいからではないか」と言う人もいるが、これも間違いである。青木ヶ原樹海は観光地である。年間かなり多くの人が訪れている。遊歩道では飽き足らず、樹海の深部を散策する人も多いので、死体が発見される確率は高い。

ではなぜ、それでも「青木ヶ原樹海は自殺スポット」なのだろうか？

答えは「青木ヶ原樹海が自殺スポットだから、自殺スポットなのである」ということになる。トンチのような話で申し訳ないが、事実、そうとしか言いようがないのだ。

これは青木ヶ原樹海に限ったことではなく、自殺スポットと呼ばれる場所に共通していることだ。たとえば韓国では、自殺の名所だったソウルを流れる漢江に架かる巨大な「マポ橋」からの飛び降り自殺があとを絶たず苦慮していた。その対策として、政府は自殺防止キャンペーンを展開する。

橋の欄干《らんかん》に、

「ご飯食べた?」
「つらかったんだな」

などと、自殺者の気をそらすような文字を貼ったり、家族のことを想起させるような写真や彫像を置いた。その結果、キャンペーンは国民に評価されテレビで大々的に取り上げられたが、全国の人が「マポ橋=自殺スポット」と認識するに至ってしまった。

その結果、なんと自殺者は、何倍にも増えた。二〇一〇年には二三人だった自殺者数(自殺未遂を含む)は、対策後の二〇一四年には一八四人まで上り、急激な増加を記録しているという。単純計算でも四年間で八倍。完璧な逆効果だった。

つまり、「自殺スポット」だとメディアに取り上げられると、自殺者は急増するのだ。

樹海も、昔は自殺者の一斉捜査をしており、その様子はテレビニュースでも大々的に取り上げられていた。その番組を見た人が、「樹海=自殺の名所」と認識し、自殺場所として樹海を選ぶ。

三

樹海の暗部
——都市伝説としての「樹海」

さらに、一九九三年に発売された『完全自殺マニュアル』(鶴見済《つるみとおる》、太田出版)に紹介されたことも大きかった。実際、自殺者の中には『完全自殺マニュアル』自体や、この本の切り抜き、コピーなどを携えている人も多い。死体を探すマニアの人たちは、『完全自殺マニュアル』で紹介されている場所を中心に回っていた。

『完全自殺マニュアル』に絶対見つからないって書いてある場所で、すごい見つかるんですよ。あんまり見つかるので、その一帯のことを『団地』と呼んでました（笑）」

とは、某マニア氏の言葉だ。

誰にも知られたくないと思って死んでいった人たちにとっては、皮肉な結果になってしまったと言わざるを得ない。

現在、テレビメディアでは青木ヶ原樹海と自殺を結びつける報道を自粛している。自殺者は減少傾向にある。ただ、やはりまだまだ青木ヶ原樹海＝自殺スポットというイメージは強く残っている。だから、何度も冒頭の質問をされるわけである。

一方、樹海以外の多くの自殺スポットは、飛び降り自殺をする橋、崖、ビル、もしくは飛びこみ自殺をする電車の駅などが挙げられる。飛び降りができないように対策を施すと、途端に自殺者の数は減る。飛びこみも同様で、最近では、駅のホームにもドアが設置された場所が増え、容易には飛びこめなくなった。

ただ、青木ヶ原樹海はビルやホームとは違い、入ろうと思えばどこからでも入ることができる場所だ。もちろんボランティアの方たちは、今も声かけ運動を継続して行っているが、それでも自殺志願者全員に気づけるわけではない。樹海での自殺をすべてなくすことは、至難のわざなのだ。

三

樹海の暗部——都市伝説としての「樹海」

自殺防止連絡会によって立てられた看板

ボランティアスタッフの人に話を聞くと、

「樹海で自殺する人って真面目な人が多いと思います。儀式的というか、侍《さむらい》の切腹みたいな感じなんですかね？　わざわざ車を出して、何時間もかけて樹海に来て死ぬわけですから」

と、言っていた。

たしかに様式美のようなものを感じなくもない。ただ、個人的には、せめて死ぬ時くらいは大多数の傾向などには従わず、個性的な場所を選んだって良いのにと思う。それができる人なら、そもそも自殺を選んでいないのかもしれないが。

四

樹海を出る

境界の外へ

現実と伝説の間を縫うようにして、「青木ヶ原樹海」を案内してきた。四季を通して見られる森の様相、樹海の中で一泊の滞在を経て、そろそろ樹海を出ることにしよう。

出口に着くまでは迷わないように、要注意。

樹海でキャンプ体験

青木ヶ原樹海周辺には、たくさんキャンプ場がある。樹海にほど近い本栖湖《もとすこ》、精進湖《しょうじこ》、西湖《さいこ》の周りにはキャンプ場が林立している。キャンプ初心者向けのコテージやトレーラーハウスがあるキャンプ場も多い。

僕も精進湖のキャンプ場を借りたことがある。バイクで一人足を運び、管理事務所に行って手続きをすませた。

キャンプ場といっても、精進湖のほとりにガランとした土地があり、そこに自由にテントを張って良いというゆるいルールのキャンプ場だ。僕は寝袋しか持って行っていなかった。季節はまだ寒い頃で、二～三人の利用者しかいなかったので、敷地の真ん中で寝袋にくるまって寝てしまった。

夜中に急に激しい光で照らされた。目を開けると、目の前に車のヘッドライトがあった。

「危ねえ、轢《ひ》くとこだった！」

と声が聞こえた。夜釣りに来た人の自動車だった。湖のギリギリまで車をつけるつもりだったらしい。

寝ている間に轢かれて死んでもつまらない。その日はキャンプ場の端っこに場所を変えて寝ることにした。数千円払って、なんでキャンプ場の端っこで怯《おび》えて寝なきゃいけないんだと腹がたった。

寝袋オンリーで寝る場合、キャンプ場にお金を払ってもたいしてメリットがないことを知り、樹海の中で寝ることにした。そうすれば目覚めればすぐに樹海だ。

樹海の中にテントを張る人もいるが、多くはゴミを散らかしたまま行く。ひどい場合はテントごとすべてが放棄されていることもある。溶岩で窯《かまど》を作って自炊をし、調理器具などを全部放棄して行く……など非常にマナーが悪い人が多い。きちんと後始末できない人は、キャンプ場を利用した方が良いと思う。道具も貸し出してくれるし、トイレやシャワーもある。

樹海の中を一人で歩くというのは、集団で歩くのとは感覚が全然違う。パリパリと神経が張りつめ、五感が冴える。物音や臭《にお》いに敏感になる。鹿などが走り抜けて行くのを見ると、思わずパニックを起こしそうになる。ただ歩いているだけでもビクビクするのに、樹海の中で一人で寝るのはそれにも増して緊張感がある。はっきり言ってとても怖い。

樹海の夜は暗い。とくに森は真っ暗だ。代わりに星は綺麗《きれい》に見えるが、樹の葉が邪魔をし

四

樹海を出る——境界の外へ

寝転んで樹海を見上げる

てあまり見えない。

樹木そばに平らな場所を見つけ、敷布を敷いて横たわる。しかし、なかなか眠りは訪れない。視覚がなくなり、ますます耳がとぎ澄まされる。カサカサと小動物が動き回る音、虫の羽音などが耳に障る。ただ目を開けて、真っ暗な虚空《こくう》を眺めていると、だんだんと不思議な現象が起きてくる。

ぼんやりとした光の層が、立体的に見えてくるのだ。言葉で説明するのは難しいのだが、ものすごく光量の少ない木漏《こも》れ日が見えている感じだ。つまり、折り重なった葉の隙間を通り抜けた星明かりが、目に入り込んできているのだ。これが素晴らしく幻想的で美しかった。暗闇ならばどこでも起きる現象なのかもしれないが、光が立体的に見えるのは樹海ならではだろう。

迷子になる

樹海の中でコンパスが効かなくなるという話は都市伝説だ、とすでに解説したが、それでも、樹海未体験者からはよく「樹海ってコンパス効かないんですよね？　迷ったりしないんですか？」と訊かれる。

大変頻繁なので、改めてこの場を借りて、

「迷ったことはないですよ」

と自信を持って答えたいところだが、実はあるのだ。

初めて樹海に足を踏み入れた時は、かなり過剰な装備で挑んだものだ。水だけで四リットルも持っていったし、物理コンパスや地図、熊除《よ》けスプレーなど、大型のリュックがパンパンになるほどだった。

樹海にくり返し足を運ぶたびに、段々と装備は簡略化されていった。ダメな傾向だとは分かっているのだが、装備が軽くなると樹海を歩き回るのが格段に楽になる。もちろん体重もなるべく軽い方が樹海探索には有利だ。

その日は、樹海で死体を探すのを趣味にしているマニアの人たちを中心としたパーティで樹海に向かった。

死体を探す人たちに共通する傾向として、彼らはあまり固まって行動しない。理由は、みんなで動くと死体の発見率が下がるから、だそうだ。個々がバラバラに進めば、それぞれが自分のルート上で死体を発見する可能性が生まれる。だから、いったん樹海の中で集合したら、解散してバラバラに歩きまわり、また樹海の外で集合する。集合場所はＧＰＳの座標で決める。

その時の僕は、一人きりで樹海深部を踏破する装備は持ってきていなかったので、前を行く人について歩くことにした。

探索途中でいったん樹海のど真ん中で集合した時には、時刻は一五時を回っていた。朝から一日かけて樹海を歩き回ったのだが、誰も死体を見つけてはいなかった。メンバーの中にじんわりと焦りの感情が湧いているのがわかった。早々に解散してバラバラに歩き、再び入り口の富岳風穴《ふがくふうけつ》の駐車場で集合する。

僕は、再び前の人について歩いていたのだが、ちょっと風景写真を撮りたくなり立ち止まった。何枚か写真を撮っただけなのに、振り返ると、同行していた人はすでにサクサクと先に進んで、もう見えなくなっていた。僕には理由があってついて歩いていることも意識していなかっただろうから、仕方がない。

樹海内ではいったんルートを見失うと、簡単には見つけられない。ただこの段階ではまだそれほど焦ってはいなかった。

僕がその時持っていたリュックサックはカメラバッグも兼ねていた。リュックの下部は、一眼レフカメラと替えのレンズ、フラッシュなどで一杯だ。リュックの上部のかなり小さいスペースに他の荷物を入れている。

その日持っていたのは、スマートフォン、スマートフォン用の携帯バッテリー、水のペットボトル（五〇〇ミリリットルの半分）、タオル、ノート、ペン。かなり貧弱な装備だが、とりあえずスマートフォンさえあればなんとかなるのがこのご時世だ。大容量の携帯バッテリーもあるので電池切れはない。

とりあえず、GPSで現在地を調べると本当に樹海のど真ん中だった。遊歩道までは一キロくらいある。スマートフォンのデジタルコンパスを表示させて、真東に進んでいった。

二〇分ほど進んだ時に、違和感をもった。どうにも同じ場所を歩いているような気がする

愛用の大きなコンパス

のだ。樹海の中はどちらを向いてもだいたい似たような風景なので、そういった感覚に陥ることはよくあるのだが、よりリアルに感じる。いったん歩みを止めてＧＰＳを開く。先程いた場所からまったく進んでいなかった。

つーっと背中に冷や汗が流れるのを感じた。試しにもう一度、真東にしばらく進んでみたのだが、やはり同じ場所をぐるぐると歩いている。

〝樹海の中ではコンパスが効かなくなる〟

この都市伝説が我が身に起きている。

頭がパニックになりそうになるのを理性で押さえつける。時計を見るとすでに一六時を回っていた。樹海内を歩けるのはギリギリ一八時までだ。一六時に樹海のど真ん中にいるのは、そこそこヤバイ状況である。もしこのまま樹海から出られなかった場合、樹海内で一夜を過ごさなければならない。水は二五〇ミリリットル、食べ物はない。死にはしないだろうが、かなり厳しい夜になるだろう。

もうスマートフォンのコンパスには頼っていられなかった。夕方なのは残り時間が短くて焦る反面、利点もある。日が落ちかけているので、影が濃く伸びる。

「樹海内では影が見えない」と書かれている本を見たことがあったが、それはウソだ。確かに見えにくいが、影はできる。

夕方、太陽は西にあるので、東に向かう場合は自分の影を追いかける形で進めば良い。

焦りながらも、ザクザクと前に進んでいく。駆け出したい衝動にかられるが、ここで焦って怪我をしてしまっては元も子もない。

しばらく進んだあとにＧＰＳを確認すると、思惑どおり東に向かって進んでいることが確認できた。とりあえずホッと胸を撫でおろす。

心に余裕ができたところで、歩きながら、なぜコンパスが効かなくなってしまったのかを考えてみた。

僕はスマートフォンをバイクのナビゲーションシステムとしても使っている。数日前にバイクに乗ったが、その時は異常なく使えた。

コンパスが狂ったとしても、なぜスタートの場所から移動できなかったのだろう？　あの場所にだけ、たまたま強烈な磁場があったというのも考えづらい。

――とその時、ハッ！　と閃《ひらめ》いた。

一週間ほど前に、スマートフォンケースを買ったのだ。画面にパカッとフタができるタイプだ。ボタンがついていないのに、画面にパチッと付く。

「スマートフォンケースに磁石が入っているんだ!!」

誰もいない樹海の中で叫んだ。コンパスは磁石に引っ張られ常に同方向を指し、そして僕は同じ場所をグルグルと回るハメになったのだ。

慌ててスマートフォンケースを外し、コンパスアプリを起動してしばらく歩いてみる。間違いなく東を指し示していることがわかった。

そのまま早足で歩くと一七時頃に遊歩道に出られた。先に到着していた人と合流したが、特に心配されていたわけでもなかったのでその日はトラブルのことは言わなかった。きっと彼らは普通以上に汗だくの僕を不審に思ったことだろう。

四

樹海を出る
――境界の外へ

その後、樹海マニアの人にこの話をすると、呆れた顔をされた。

「絶対に物理コンパスは必要ですよ。デジタルコンパスは壊れることがあるし、たまにすごく狂う。物理コンパスさえあれば、まず出られます」

それからは、米軍仕様のごついコンパスを二つ持って樹海に挑むようにしている。

季節によって違う森

春

三月終わりから四月にかけてが、樹海オープンの時期である。樹海、すなわち「青木ヶ原」は山梨県にある。あまり寒い地域ではないが、標高は一〇〇〇メートルと高いので東京よりは気温は低い。とはいえ、それほど大きな差はない。念のために、一枚羽織るものを持っていった方がいいかもしれない。

雪がたくさん降った年は三月くらいまではまだ雪が残っている。足元に気をつけよう。

「春は死体の発見率が高いです。秋から冬の間に亡くなり、散策者に発見されなかった死体が春になって見つかるからです。クリスマスや正月に自殺する人は多いですからね。それに加え、春には新たな自殺者も出ます。五月病とかね」

とは樹海の死体マニアのKさんの談。

春先の樹海散歩は涼しくて楽しい。基本的には常緑樹が多いので風景は劇的には変わらないが、それでも新緑の清々《すがすが》しさを感じることはできる。

良いシーズンであるということは、もちろん観光客も増える。ゴールデンウィークや人気の高い「芝桜まつり」が開催されている時などは、大変な人混みになる。車の渋滞に巻きこまれると富岳風穴《ふがくふうけつ》に到着した時にはすでに昼過ぎ。体力はバテバテ、ということになりかねない。早め早めに向かおう。

夏

樹海でも夏は暑い。真夏のシーズンに訪れると、かなりの量の汗をかくことになるはずだ。ただし、服装はそれでも長袖の服を着た方が良い。樹で擦るし、コケることも多いからだ。樹海は、あまり虫は多くないが、それでも蚊やクモはいる。刺されないようプロテクトする意味でも長袖は有効だ。脱水に備えて多めの水分、タオルや着替えを持っていく方が良い。

夏はやはり生命のシーズン。樹は青々と茂るし、キノコなども生えて観光コースを歩くのが楽しい。

気の合う仲間と、青木ヶ原近辺のキャンプ場やコテージに泊まり、夜は楽しくバーベキュー！　なんて、リア充、パリピな遊び方もできる。もちろん同じことを考える人は多いので、早めに予約した方が良い。

夏の樹海

ちなみに、七月になると富士山が山開きする。登山客がたくさん訪れるが、ただ樹海探訪者とはあまりかぶらないようだ。

ちなみに僕も樹海歴二〇年以上だが、富士山には一度も登ったことがない。たぶん今後も登らないいんじゃないかと思う。金にならないからだ。

「夏に見つかる死体は一番好みですね。一番爛熟《らんじゅく》している死体が見つかる可能性が高いので。ただ、進行が早いですからすぐに骨になってしまいます」

とKさん。

マニアにとっても夏は楽しい季節なのだ。

秋

秋も散策には向いているシーズンだ。

四

樹海を出る——境界の外へ

冬の樹海

まだ東京では暑い日も、樹海では涼しい場合が多い。夏に比べれば、訪れる人は減るのでゆっくりと散策することができる。

一一月くらいまでは、春や夏と同じような普通の装備で大丈夫だ。

常緑樹が多いが、それでも紅葉する樹も少なくない。富岳風穴のあたりでも、紅葉を楽しむことができる。

冬

それほど寒い地域ではないので、冬になっても樹海散策はできる。「冬の間は入山禁止」という噂もあるようだが、それは正しくない。

年末に向かうにつれて、訪れる人は減っていくので、宿を取ったり、現地に向かったりは楽になる。

もちろん、どんどん寒くなっていくので、防寒対策は大事だ。ただそんなにオーバーな装備はいらない。量販店のアウターと防寒用のインナーで大丈夫だ。

常緑樹が多いので緑は残っているが、それでもやはり少し葉は減る。冬の空が見えて、清々《すがすが》しい気持ちになる。

洞窟には大量のツララができる。が、入洞してみるとさほどの寒さは感じない。夏場はゾクゾクするくらい寒い洞窟だが、冬は夏ほど温度差がなくなるのだ。運が良ければぶらんとぶら下がったまま冬眠するコウモリを見つけることができる。

ただ、それも樹海に雪が降るまでである。それほど大量に雪が降る場所ではないが、それでも一二月～二月には降る。いったん降ってしまうと樹海内も一面が白く染まる。普段は見られない、静謐《せいひつ》な雰囲気の樹海を見ることができる。

しかし、そもそもとても足元が悪い歩きづらい森なのに、そこに雪が被ってしまうと絶望的に歩きづらくなる。靴《くつ》もグリップが効くのはもちろん、防水性にすぐれた物でないと難しい。意外と長靴が便利だった。

「雪が降ってしまうと、死体は見つけづらくなりますね。ただクリスマスや正月は自殺者が多いので、死にたての死体とバッティングする可能性はありますが。白骨死体や横たわったまま亡くなった死体は絶望的ですね」

とは、やはりKさんの談だ。

四

どうやら、樹海散策は春まで待った方が無難なようだ。
カメラが好きな人は、一年を通してさまざまな表情を見せる樹海を楽しめるだろう。

おわりに——そして樹海の外へ

二〇年にわたり青木ヶ原樹海を歩いてきたが、樹海の風景は変わらない。当たり前だ。自然の時間のスケールと、人間の時間のスケールは大きく違う。僕が生まれた時も死ぬ時も、樹海は樹海だ。

青木ヶ原樹海は溶岩の上に、樹々が無理やりに立った森だ。樹々の根が地上に波打ち、ゴツゴツとした溶岩がむき出しになっている。倒木が積み重なり、その上に新たに樹が生えている。

出発して一〇分も歩けばもう、方向感覚はなくなる。森から出られる気がしなくなる。

ざわざわと風が樹々をゆする音がして、木漏《こも》れ日がスッと差しこんでくる。

自然の大きさを感じる。

そして自分の小ささを思い知る。

普段、都会で取材をしている時には感じられない気持ちだ。強い恐怖も感じるが、反面清々《すがすが》しさも感じる。

自分が大事にしているモノ、仕事や家族やお金や命などなど全部、大事だと思いこんでいるだけで実にどうでも良いモノなんだなと思えてくる。

そして、ひたすらに樹海を歩く。

なまりきった中年の肉体はすぐに悲鳴をあげる。だんだん何も考えられなくなってくる。

ずっと樹海をさまよう。

そんな時、フッと樹海から抜ける。

遊歩道や山道はいかに自然豊かな場所にあったとしても人工物だ。その道は、国道につながり、東京につながり、自宅までつながっている。安心して、ほうとため息が出る。でもそんな安堵感はすぐに消えていく。

いつもどおりの生暖かい、安寧とした日常に戻る。

皆さん樹海への旅はいかがだっただろうか?

宗教施設、洞窟、謎の建造物、不可思議な集落、走る動物たち、そして自殺死体……。

樹海のさまざまな側面を見せることができたならば、とても嬉しい。
最後に、本書の刊行に際し、編集を担当してくれた晶文社編集部の江坂祐輔さん、企画・編集の加藤摩耶子さん、そして本書読者の方々に、心から感謝を申し上げます。ありがとうございました。

二〇一八年七月

村田らむ

スリップノット（Slipknot）のクラウンさんと筆者

村田《むらた》らむ

一九七二年生まれ、愛知県名古屋市出身。ライター、漫画家、イラストレーター、カメラマン。ホームレスやゴミ屋敷、新興宗教などをテーマにした体験・潜入取材を得意とし、中でも青木ヶ原樹海への取材は一〇〇回ほどにのぼり二〇年以上続けている第一人者。著書に、『ホームレス大博覧会』（鹿砦社）、『ゴミ屋敷奮闘記』（有峰書店新社）、『禁断の現場に行ってきた！』（鹿砦社）、写真集『廃村昭和の残響』（有峰書店新社）など多数。

樹海考《じゅかいこう》

二〇一八年七月三〇日　初版

著者　村田らむ

発行者　株式会社晶文社

東京都千代田区神田神保町一-一一　〒一〇一-〇〇五一

電話　〇三-三五一八-四九四〇（代表）・四九四二（編集）

URL　http://www.shobunsha.co.jp

印刷・製本　株式会社　太平印刷社

ISBN978-4-7949-7052-7　Printed in Japan